Karl Friedrich Hensler

Der Orang Outang

Karl Friedrich Hensler

Der Orang Outang

ISBN/EAN: 9783744616607

Hergestellt in Europa, USA, Kanada, Australien, Japan

Cover: Foto ©berggeist007 / pixelio.de

Weitere Bücher finden Sie auf **www.hansebooks.com**

Der
Orang Outang,
oder
das Tigerfest.

Ein Lustspiel in drey Aufzügen,
von
Karl Friedrich Hensler.

Aufgeführt im Jahr 1791.

Lex & Natura, Cœlum, Deus —
Omnia Jura damnant ingratum.

Wien, 1792.
mit Goldhannschen Schriften.

Personen.

Der Cacicke.

Sein Sohn, erster Ynka.

Mehrere Ynkas.

Der Oberpriester der Sonne.

Lulla, seine Pflegtochter.

Mehrere Sonnenpriester.

Der Opferpriester des Tigers.

Mehrere Opferpriester.

Don Fernando, Seekapitän.

Donna Antonia.

Jago, ihr Gefährte.

Opfermädchen.

Opferknaben.

Viele Indianer.

Ein Orang Outang.

Erster Aufzug.

Erster Auftritt.

(Wilde felsichte Gegend)

(Im Hintergrund ein hohes Gebürg, wo man in der Ferne bey Aufgang der Sonne die goldne Kuppel eines indianischen Tempels glänzen sieht, Neben dem Gebürg einige hohe Bäume. Auf der linken Seite eine dicht bewachsene Höhle, nebenbey schläft Jago in süsser Ruhe. Ein junger Orangoutang ist beschäftiget, Holz zusammen zu suchen, um Feuer zum kochen anzumachen. Er entfernt sich. ⁕Donna Antonia kommt aus der Höhle, sieht sich um)

Antonia.

Bald sinkt die Nacht hinab; schon durchblizen der Sonne = Strahlen die Morgendämmerung

rung; schon seh ich, wie sie die goldne Kup=
pel des Tempels beleuchtet, wie sie dort in den
Wipfeln des Palmenhaines flimmert, und
bald in ihrem vollen Glanze die ganze Natur
beleben wird; vier Monate, die ich hier in die=
ser Einöde zubringe, meine einzige Gesellschaft
hier mein treuer Gefährte, und unser Orang
outang. Wie sanft er dort schläft! kein Seh=
nen nach dem väterlichen Hause, kein unruhi=
ges Pochen seines Herzens nach dem Gelieb=
ten stört seine Ruhe, Sorgenfrey und harm=
los schläft er den süssen Schlaf eines Königs.
(Der Orangoutang kömmt, und bringt auf den
Kopf in einer Kokosnuß frisches Wasser, ist im=
mer sehr geschäftig, geht in die Höhle) Wie ver=
dient sich dieser Halbmensch um mich macht,
er besorgt nach seinem viehischen Instinkt unse=
re Bedürfnisse, ist von mir unzertrennbar, be=
schämt durch seine dankbare Gesinnung gegen
mich so viele der edleren Geschöpfe Gottes —
(sie ruft) Danti! Danti! (der Orangoutang
kömmt, schmeichelt ihr. Sie zeigt ihm durch Pan=
tomime, daß er Holz zusammentragen, und durch
Hilfe des Bosphorus Feuer anmachen soll) Und
nun will ich auf jene Anhöhe zu dem, meinem
Schöpfer bestimmten Betort, will mich zu=
gleich

gleich in der Ferne erkundigen, ob ich nicht meine Wohltäterin kommen sehe. (sie steigt das Gebürg hinauf, verliert sich in dasselbe, der Affe trägt junges Holz zusammen, legt den Bosphorus neben das Holz hin, und bläßt gewaltig in das unangezündete Holz, macht zerschiedene Bewegungen, wie er das Feuer nicht brennen sieht, inzwischen kommt aus den Gebüsch eine Klapperschlange, kriecht umher und umwindet sich um den schlafenden Jago, der Affe erblickt dieses, holt eilends seine Keule, und schlägt, um die Schlange zu tödten, wacker auf Jago los, dieser erschrickt heftig).

Jago. Was zum Henker geht denn da vor? (steht mit halbgeschlossenen Augen auf, und sieht endlich den Pavian)

Zweyter Auftritt.

Jago, der Orangoutang.

Jago. Was fällt denn der Bestie auf einmal ein, daß sie mich auf diese Art aus dem Schlaf erweckt! (wendet seinen Rücken) hat der Kerl nicht auf mich losgeprügelt, als wenn er Stockfische einböckeln wollt. (der Affe will freundlich zu ihm hin) Fort, geh mir aus den Augen!

hast

haſt ſchon vergeſſen, daß ich dir vor drey Mo=
naten deinen krummen Fuß kurirt hab, he!
(der Affe zeigt ihm die getödtete Schlange)
Was — was ſeh ich denn da liegen? (er geht
dahin, ſie rührt ſich noch, der Affe ſchlägt mit
Wuth auf dieſelbe, und tödtet ſie gänzlich.

Jago. (zittert) Eine Schlange? (Pauſe)
Aber da fällt mir ein, wenn etwa gar der
Pavian mir das Leben gerettet hätte? (geht
dahin) ſag du mir doch. (der Affe ſchaut ihn an=
zeigt ihm die Zähne) Ich will ihn einmal bey
ſeinem Namen rufen! Danti! (der Affe kommt
zu ihm hin, legt ſich zu ſeinen Füſſen, küßt die=
ſe, ſchmeichelt ihn).

Dritter Auftritt.

Jago. Donna Antonia.

(kommt am Gebürge herunter.)

D. Ant. (ruft) Danti! Danti! (er ſpringt
ihr voll Freude entgegen)

Jago. Ja der Teufel ſoll den Danti ho=
len. Donna! einmal für allemal, ſo halt ichs
nicht länger aus; wenn ihr mir die Hausdie=
nerſchaft da nicht vom Halſe ſchaffet, ſo mach
ich

ich mich nächstens aus dem Staub, und geh
davon.

D. Ant. Was fehlt dir, Jago! Was
ist dir übels widerfahren? ich würde es sehr
haſſen, wenn auch du anfiengeſt, über unſer
trauriges Schickſal zu murren.

Jago. Wer möcht da nicht murren, wenn
man ſich ſoll kujoniren laſſen. Ich leg mich
vor ein paar Stunden dorthin und ſchlaf ein,
auf einmal regnets Prügel auf meinen Rücken
her, ich wach auf, und wiſſet ihr, Donna,
wer es ſo gut mit mir gemeint hat? he!

D. Ant. Nun?

Jago. Der ſaubere Herr Pavian! dem
ihr ſo gut ſeyd, dem ihr vor 3 Monaten ſei=
nen Fuß mit Lebensbalſam kurirt habt, aber
dürft ich nur, wie ich wollt, ich wüßt' ſchon,
was ich mit ihm anfäng.

D. Ant. Und was würdeſt du thun?

Jago. Fortjagen thät ich ihn wieder zu
ſeiner übrigen Affenfamilie.

D. Ant. Und würden wir nicht am mei=
ſten dabey verlieren, wenn wir dieſen Haus=
gaſt nicht mehr hätten? könnten wir ſo ſorgen=
los ſchlaffen, da er uns durch ſeine Wachſam=
keit, durch ſeine ihm ganz eigene Witterung

vor

vor allen drohenden Gefahren schützt? Versorgt er uns nicht so reichlich mit Lebensbedürfnissen? würde uns nicht so oft Hunger und Durst quälen, und in dieser Einöde schon längstens aufgeraft haben, wenn uns die Vorsicht dieses gute Thier nicht zu unserer Erhaltung zugeschickt hätte? Wie ungerecht, Freund! wenn uns dieses halbvernünftige Thier an dankbaren Gesinnungen übertreffen sollte.

Jago. Schon recht! aber —

D. Ant. Du weißt von unserer Wohlthäterin, der kleinen Lulla, daß es in dieser Gegend sehr viele Klapperschlangen giebt, derer geringster Stich dem Menschen tödtlich ist.

Jago. Eben recht, da sehet einmal her, (zeigt ihr die getödtete Schlange)

D. Ant. Hilf Himmel! und wer hat diese Schlange getödtet?

Jago. (im wehmüthigen Tone) Unser Pavian, ich habs mit eigenen Augen gesehen und gespürt —

D. Ant. (Pause) Und du kannst noch über ihn zürnen, kannst noch wünschen, daß es uns verlassen solle das gute Thier, das dich wohl gar durch seine unschuldige Streiche vom gewissesten Tod errettete?

Jago.

Jago. (weinerlich) Was — was sagt ihr, Donna! der Danti hätt' mich vom Tod errettet?

D. Ant. Als ich da weggieng, warst du in tiefem Schlaf versunken, diese Bestie kroch auf dich zu; der Pavian sah die Gefahr, die dir seinem Freund durch einen einzigen tödtlichen Stich bevorstund.

Jago. (wird immer weichmüthiger) Das — das ist wohl möglich, aber so grob hätt' er mich doch nicht aufwecken sollen.

D. Ant. Er erweckte dich, tödtete vielleicht in eben dem Augenblick, da es gierig nach deinem Blute dürstete, und deinen Leib umschlingen wollte, das Ungeheuer auf deinem eigenen Körper (ergreift seine Hand) Und du kannst noch zürnen, über deinen Retter?

Jago. (bricht in Thränen aus) S'ist — s'ist wahr, wenns so ist, so wollt' ich mich nicht schämen, unsern Danti um Verzeihung zu bitten —

D. Ant. Sieh einmal, wie er sich bestrebt, uns nach allen seinen Kräften zu Diensten zu seyn; nichts fehlt ihm, ihn gänzlich unserer Freundschaft werth zu achten, als die Gabe der Vernunft, nichts als die Sprache,

und

um ganz für den geselligen Umgang geschaffen
zu seyn. Sag mir, Jago! giebt es viele sol=
che Menschen in der Welt, die empfangene
Wohlthaten so erwiedern wie dieser Pavian?
(Danti bläßt das unangezündete Feuer unaufhör=
lich an).

Jago. (lächelnd) Aber schaut Donna! was
er sich für Mühe giebt das Feuer anzublasen,
ich dächte, daß ich ihm ein bißl helfen sollte,
nicht wahr? (wie Jago dahin will, verdoppelt der
Pavian seine Kräfte, und beißt gegen ihn die Zäh=
ne übereinander) Nun, da seht ihr selber, Don=
na! ich hab wollen gut Freund seyn mit ihm,
und er will nicht.

D. Ant. (ruft) Danti! (er läßt alles lie=
gen und springt gleich zu ihr hin) Nun, da sieh,
wie freundlich er ist.

Jago. Ja, das glaub ich, gegen das
Frauenzimmer ist er galant.

D. Ant. Und nun hilf ihn das Feuer an=
zünden, damit die Kocus Milch warm gemacht
wird, ich will indeffen in die Höhle, und das
junge Hühnchen rupfen, welches er uns gestern
nach Hause gebracht hat. (in die Höhle ab)

Vier=

Vierter Auftritt.

Jago. Orangoutang.

Orang. (ist gleich wieder beschäftiget, das Holz anzublasen).

Jago. Thut das, Donna! wir wollen uns heute ein herrliches Mittagessen zubereiten; Aber, da schau ein Mensch den Narren, bläst sich fast einen Kropf an den Hals, und legt kein Feuer unter (er geht dahin, und legt den Bosphorus unter, daß das Holz in Flammen geräth; nun ist der Pavian voll Freude, macht komische Sprünge um Jago, hollt in aller Eil das Huhn aus der Höhle, wirfts ins Feuer und springt geschäftig ab) Nun jetzt da haben wirs (holt es aus den Flammen) Das braten mag meinetwegen bey dir so in der Mode seyn, aber bey mir nicht; freylich ein Bratspieß käm uns da treflich zu statten. Ein guter Einfall ist Gold werth. (zieht seinen Säbel und steckt das Huhn daran, stellt es nebenbey) So! jetzt einen Salat dazu? Eben recht, ein paar hundert Schritte von hier hab ich gestern eine Art von Erdäpfel wachsen sehen. Wie wärs wenn ich ein wenig rekognosziren gieng. (steht auf) Richtig, ein gebrattenes Hühnl, und ein Salatl hahaha!

da

da will ich mirs hernach schmecken laſſen, trotz
ein Edelman — (geht eilend ab)

Fünfter Auftritt.

(Der junge Ynka, an den Händen gefeßelt, kömmt
von dem Gebürge, gleich hernach Lulla)

Ynka.

Wo bin ich? heilige Sonne! dir dank
ich, daß mein zitternder Fuß zum erſtenmal
mein Vaterland wieder betritt. (kommt herunter)
Aber was erblick ich? (ſieht ſich um) ein Feuer,
nothwendig von Menſchenhänden gemacht, hier
in dieſer Einöde? nicht weit entfernt von dem
Ort, den mein alter Vater bewohnt? dort ſeh
ich ja die goldne Kuppel unſers Sonnentem=
pels? (fällt auf ſein Angeſicht) Sonne! mein
Vater! dir dank ich, daß du mich aus den
Händen des Grauſamſten aller Europäer riſ=
ſeſt! nimm meinen Dank, das Gelübde dei=
nes Sohnes, der dich im Staube anbetet.
(fällt mit dem Geſichte zur Erde, und bleibt eine
kurze Zeit in dieſer betenden Stellung)

Lulla.

Lulla. (eilend, ohne ihn zu sehen) Da hab ich in meinem Körbchen (vakt aus) süssen Meth und Ziegenmilch und Datteln gebracht, da wird mein lieber Spanier Augen machen, wenn er diese Leckerbissen sehen wird. (sie rückt das Huhn näher zum Feuer)

Ynka. (schaut auf) Was seh ich? ein Mädchen aus dieser Gegend?

Lulla. (indem sie das Huhn umwendet) Ich möchte nur wissen, warum Lulla keine Ruh mehr zu Hause hat? ja vorhin, da war es ganz anders, da hätt ich nicht aus meiner Hütte gehen können, ohne meinem Vetter vorher die Stirne zu küssen; aber itzt denkt Lulla fast gar nicht mehr an ihren Vetter, und das ist recht garstig; aber warum denkt den Lulla nicht mehr so oft an ihn? ja, wenn ich das sagen könnte.

Ynka. (steht auf, geht einige Schritte zurük) Wenn ich mich nicht irre, so ist ja dieses Mädchen die Pflegetochter des Sonnenpriesters? (er klirrt mit den Fesseln).

Lulla. Was ist das! wenn ich nur meinen Spanier wieder finden könnte.

Ynka. Sie redt von einem Spanier? sollten hier etwa im Hinterhalt Europäer? Wenn ich

ich mich nur stark genug fühlte, meine Fesseln zu zersprengen. (schnurrt mit den Ketten)

Lulla. (schaut sich um, erschrickt heftig) Wen seh' ich, einen Mann? da muß ich eilend nach Haus. (will fort)

Ynka. Wie? du fliehst mich, schöne Lulla!

Lulla. Schöne Lulla, schöne Lulla! (mit abgewandtem Gesicht) ey das hört Lulla recht gern, wenn man sie schön nennt, aber — (besinnt sich) nein, ich muß doch fort; (kommt gleich wieder zurück) aber, wer bist du denn, weil du weißt, daß ich die schöne Lulla bin?

Ynka. Ein Unglücklicher!

Lulla. (mit Theilnahme) Ein Unglücklicher? (schnell) da muß ich dir schon zu Hilfe kommen, aber anschauen, anschauen darf ich dich schon gar nicht. (springt mit geschlossenen Augen zu ihm hin).

Ynka. Kennst du deinen Ynka nicht?

Lulla. (Verwundernd — kleine Pause; stürzt plötzlich vor ihn zur Erde, die Hände kreuzend über die Brust, mit höchster Ehrfurcht) Sohn unseres Königs! Abkömmling unseres Gottes der Sonne! Vergieb mir, wenn sich Lulla, ohne es zu wissen, gegen dich vergangen hat.

Ynka.

Ynka. (hebt sie auf) Steh auf, liebes Mädchen!

Lulla. Du hier Ynka! und du bist un= glücklich, sagst du? (weinend) ach! wie gerne möchte Lulla den Sohn ihres Königs glücklich sehen.

Ynka. Du sprachest vorhin von einem Spanier, der sich in dieser Höhle aufhielte?

Lulla. (Geheimnißvoll) Denkt daran, Ynka! in dieser Höhle halte ich schon 3 Monden, seit= dem die Europäer mit unsern Leuten abgesee= gelt sind, einen lustigen Spanier, und ein al= lerliebstes europäisches Mädchen verborgen.

Ynka. In dieser Höhle, eine Europäerin?

Lulla. Ja, und was noch mehr, Lulla kommt alle Tage hieher, und bringt ihnen die schönsten Melonen, Ananas, und Kokosnüsse, aber (schelmisch) ich muß euch nur sagen, Lulla würde noch öfters hieher kommen, wenn sie nur dürfte.

Ynka. Und warum, gutes Mädchen!

Lulla. Ja seht, Ynka! der junge Spa= nier! er ist so ein drollichter Junge, alles, was man nur an ihm sieht, ist zum todtlachen; denkt einmal, da erzählt er mir denn immer, daß es in seiner Heimath auch Mädchen giebt,

daß

daß aber die Mädchen doch nicht ganz so wä=
ren wie hier; und da möcht ich immer gerne
wissen, was für ein Unterschied zwischen ihnen
und uns wäre.

Ynka. Und dann sagt er?

Lulla. Ja, da giebt er mir denn eine
ganz kuriose Antwort; da schaut er mir denn
auf einmal in die Augen, wird ganz roth im
Gesicht, seine Augen fangen an zu blizen, und
auf einmal, paff, hab ich eins auf den Mund
(nimmt ihn traulich an der Hand) Ich muß euch
sagen, Ynka! ein Kuß auf den Mund schmeckt
zehnmal besser als auf die Stirne, ihr dürfts
nur einmal probiren.

Ynka. Ich glaube aus deiner Erzählung
wahrzunehmen, daß es dich nicht viele Ueber=
windung kosten würde, mit deinen Spanier
nach Europa zu reisen?

Lulla. Ja, wenn mein Vetter mitgienge,
warum nicht; o wenn ihr ihn sehen werdet,
er hat so schöne lockichte Haare, und dann lobt
er mich immer, sagt, daß ich hübsch wäre, und
das gefällt mir; und dann thut er seine Hand
auf mein Herz, und wollt ihrs glauben, daß
er ordentlich durch sein Herfühlen macht,
daß mir ums Herz ganz enge wird.

Sechster

Sechster Auftritt.

Vorige, Donna Antonia.

D. Ant. (wie sie den Ynka sieht) Gütiger
Himmel! wir sind verrathen.

Lulla. Bleib, schöne Europäerin! dieser
Ynka, der Sohn unsers guten Königs versprach
mir bey der Sonne, dir nichts leides zu thun,
und was wir Indianer bey unsrem Gott ver=
sprechen, das halten wir heilig.

Ynka. (für sich) Welch ein liebenswürdi=
ges, weibliches Geschöpf!

D. Ant. Herr! (in demüthiger Stellung)
Ich erstaune über deine Gegenwart. Du in
Fesseln? Der Sohn eines indianischen Fürsten
in seinem eigenen Vaterland in Fesseln? Wenn
meine Ahndung wahr wäre, Herr! wenn das
Schicksal dich zu deiner gerechten Rache hieher
gebracht hätte.

Ynka. Rache? und an wem sollt’ ich mich
rächen, an einem Weib? nein, Rache und
Grausamkeit ist nur euch Europäern bekannt,
wir Indianer sehen in euch unsre Brüder, auch
wenn ihr nicht unsre Sonne anbetet.

Lulla. Sagt’ ichs nicht, daß die India=
ner recht gute Menschen sind?

D. Ant. Und diese Fesseln Herr!

Ynka. Sind europäische Fesseln. Vor 3 Monaten nahm mich euer Befehlshaber gefangen. Unsere Gebürge, unsere Wälder, die Küsten unsres Meeres sind Zeugen seiner verübten Grausamkeiten, selbst nach Jahrhunderten wird noch der Name Quastalla von tausend unglücklichen Familien zum Schrecken der Menschheit genannt werden.

D. Ant. (beginnt zu sinken) Ewige Vorsicht! ich bin verlohren, (beiseite) und mein Fernando ist der Sohn dieses Barbaren?

Ynka. Zittre nicht, Mädchen! wir Indianer sind nicht gewohnt, Menschen zu hassen, sie zu verfolgen, sie zu Sklaven zu machen; selbst an unsern Feinden würden sie sich nicht zu rächen suchen, wenn nicht ein heiliges Gesetz sie dazu verbände. Wie lange bist du schon in dieser Höhle?

Lulla. (vorlaut) Erst 3. Monden.

D. Ant. Schon 3. volle Monate! dieses gutherzige, liebe Geschöpf wies uns diese Freystädte an, und nur ihrem guten Herzen danke ich mein Leben, meine bisherige Erhaltung. (Lulla in die Höhle ab) Herr! (fällt vor ihn hin) ich sehe an deinem hohen Blick, daß ein Für-

sten=

stenherz deinen Busen ziert, ich flehe dich an, bey allem, was dir heilig ist, rette mich Unglückliche; ich bin die Tochter des Kommandanten von Barzelona, schicke mich zu meinem Vater zurück, und alles, was du verlangst, soll dir an Lösegeld bezahlt werden.

Ynka. Lösegeld? (verachtend) Schande über euch Europäer! wenn ihr so geldgierig seyd, euch eine der heiligsten Naturpflichten bezahlen zu lassen. Wie kamst du hieher?

D. Ant. Liebe! unglückliche Liebe — erspar mir das Geständniß, Ynka! dir den Namen desjenigen zu nennen, dem zu Lieb ich Vater und Mutter verließ, dem zu Lieb ich Vater und Mutterfluch auf mein erschwertes Gewissen ladete, dem zu Lieb ich bis ans Ende der Welt gefolgt wäre; o Ynka! du solltest ihn kennen, meinen Fernando, er kam zu euch mit einem Herzen, bider und gut, nicht mit dem grausamen Herzen seines Vaters. —

Ynka. (entsetzt sich) Was hör ich!

D. Ant. Nicht mit dem unseligen Vorsatz, über euch, gute Indianer! Unglück und Kummer zu verbreiten.

Ynka. Dein Geliebter wäre? der Sohn des Befehlshabers? nennt sich?

D. Ant.

D. Ant. Fernando di Quaſtalla.

Ynka. (lange Pauſe) Fernando di Quaſtal=
la, der Sohn des ſpaniſchen Admirals dein
Geliebter? Armes Mädchen! (mit äuſſerſter
Theilnahme) ich bedaure dich.

D. Ant. Was ſagſt du, Ynka! mein Fer=
nando? lebt er vielleicht nicht mehr, oder —

Ynka. Dein Fernando iſt in unſern Hän=
den, und mich nahm ſein unmenſchlicher Va=
ter als Geiſel mit, um mich, gefeſſelt im Tri=
umph deinem König darzubringen.

D. Ant. O Ynka! Sieh meine Thränen,
ich fühle an deinem theilnehmenden Blick, daß
du vielleicht in deiner 3. monatlichen Gefan=
genſchaft bey uns gelernt haſt, menſchlicher zu
denken.

Ynka. Menſchlicher zu denken? und das
ſoll ich erſt von euch Europäern gelernt haben?
Sag, wer iſt grauſamer unter uns, wir, oder
ihr? Ihr kommet zu uns, einem friedlichen
Volk; wir, die wir euch Anfangs für Abkömm=
linge der Götter hielten, kommen euch entge=
gen, ſorgen für jede eurer Bequemlichkeiten,
nichts, das uns theuer genug wäre, und alles
geben wir euch.

D. Ant.

D. Ant. Halt ein, Ynka!

Ynka. Ihr heißhungrig nach dem elenden Metall, das ihr Gold nennet, landet an unserer Küste; wir überhäufen euch mit unsern Schätzen, bringen euch so freundschäftlich unsern Ueberfluß, befriedigen so gerne alle eure Wünsche, alle eure Foderungen.

D. Ant. Himmel! ich bin verlohren!

Ynka. Aber ihr, unersättlich im Fodern, und wir, ohnmächtig, euch mehr geben zu können, ihr fanget an, uns zu haffen, uns, eure Wohlthäter, uns eure Mitmenschen; metzlet uns darnieder wie das Schlachtvieh, verfolget uns, da wir unsere Wohnungen verliessen bis in die einsamsten Gebürge, laffet unsern Aufenthalt sogar mit wilden bissigen Hunden aufsuchen, könnet zu sehen, wie diese Hunde Väter von ihren Söhnen trennen, wie sie Kinder an der Brust ihrer Mütter zerreissen, und auffressen. (faßt sie wild an) Sag, red Mädchen! muß ich nach Europa gehen, um dort Menschlichkeit zu lernen?

D. Ant. Ynka! dieses schreckliche Bild der europäischen Grausamkeit beugt mich bis in den Staub.

Ynka.

Ynka. (troknet sich eine Thräne ab) Sieh! Mädchen! Indianer haben auch Thränen, auch ein Ynka kann über das vergossene Blut so vieler tausend Unschuldigen Thränen vergiessen.

D. Ant. Vergiß, edler Indianer! jede Unthat, welche gleich einem Dolchstich in meinem Herzen wüthet; einem barbarischen Feinde vergeben können, muß eine grosse That seyn, diesem Feinde aber mit Wohlthun zuvorzukommen, macht dich deinem Gott ähnlich.

Ynka. Und ist dein Bekänntniß hinreichend, das Blut so vieler Tausende zu tilgen? das Blut so vieler guten, friedlichen Menschen, die, weil ihr sie nur mit dem Schwerdt in der Faust überzeugen wolltet, nun hingestreckt zu tausenden an den Küsten von Indien liegen.

D. Ant. Gerecht ist dein Schmerz! aber glaube mir, nicht alle Europäer haben Theil an dieser Grausamkeit, nur der Tyrann Quastalla. —

Ynka Nennst du mir ihn schon wieder den Namen dessen, den ich gerne haßte, wenn ich ihn nicht dir zu Liebe ehren möchte.

Siebenter Auftritt.

Vorige, Lulla aus der Höhle.

Lulla. (geschäftig) Nun wär ich fertig,
alles ist in Bereitschaft, schöne Donna! ihr
dürfet nur hinsitzen, und euer Morgenbrod
verzehren, es wird euch treflich schmecken.

D. Ant. Komm Ynka! begleite mich in
die Höhle, es ist mir unmöglich, dich länger in
diesen Fesseln zu sehen, denn sie entehren mich!
Europäer haben sie dir angelegt, laß mir die
Wonne, sie lösen zu können.

Ynka. (sie lange betrachtend) Mädchen! dein
holder Blick könnte mich wieder mit deinem
Vaterland aussöhnen; dir war es aufbehalten,
diese Fesseln zu lösen, dafür aber will ich dir
süssere Ketten, Ketten der Liebe umwinden,
dich in die Arme deines Fernando bringen,
und dieses soll meine Rache seyn. (mit Donna
Antonia ab)

Ach=

Achter Auftritt.

Lulla allein, hernach der Orangoutang.

Lulla. (ſieht ihnen nach) Nun weiß ich
nicht, warum mir mein Herz ſo pocht, iſt es
Furcht oder iſt es Freude? Ach! warum fürcht-
ich mich auch, hab ja doch nichts Böſes gethan. Nun da haben wirs! das Feuer iſt aus-
gelöſcht, und das Waldhun iſt ungebraten;
(Der Orangoutang kömmt, wie er Lulla ſieht
freut er ſich, läßt alles fallen, und ſpringt ſchmeichelnd zu ihr hin) Ach! biſt du auch ſchon wieder da, du lieber Pavian! wo haſt du denn
deinen guten Freund gelaſſen? (der Orangoutang ſchmeichelt ihr) Schaut, ſchaut, der gar-
ſtige Waldbruder! ſo viel ich merk, könnte er
mich auch gut ausſtehen. (er will ſie in die Wange kneipen) Hahaha! das hat er von ſeinem
Herrn gelernt, es iſt Jammerſchad, daß ich
mich nicht mit ihm in einen Diskurs einlaſſen
kann. (der Orangoutang legt ſich zu ihren Füſſen,
ſtreichelt ihr die Hand) Wenn du mir jetzt ant-
worten könnteſt, ſo wollt' ich dich fragen ob du
meinen Spanier nicht geſehen haſt.

Neun=

Neunter Auftritt.

Vorige, Jago.

(hat seinen Hut in der Hand, worinn er eine Art
von rothen indianischen Erdäpfeln hat).

Lulla. (erblickt Jago, springt ihm zu, der
Pavian bleibt liegen) Bist du da, o schon lange
hab' ich deiner mit Sehnsucht gewartet.

Jago. (Sie will ihn freundlich an der Hand
nehmen, er geht ihr aus dem Weg) Geh du falsche Hex du!

Lulla. Wie? du siehst deine Lulla nicht
einmal an? (der Orangoutang wird aufmerksam)
Ich hab dir ja nichts leids gethan, lieber
Spanier?

Jago. So, nichts leids gethan? da geh
zu deinem Pavian. (er schleudert sie zu ihm hin)

Lulla. Was muß ihm denn fehlen? s'be=
ste wird seyn, ich hol ihm etwas zu essen,
dann wird er schon freundlicher werden. (in die
Höhle ab)

Zehn=

Zehnter Auftritt.

Jago. der Orangoutang.

Jago. (mit abgewandtem Gesicht) Geh nur,
geh. (der Orangoutang schleicht sich unvermerkt
zu ihm hin. Pause nimmt ihn am Rock (wendet
sich los) ich will gar nix mehr von dir wissen,
du Falsche! (eben so) Nicht wahr, jetzt möchtest
gern wieder gut seyn (Pause) nun, nun so geh
her (er umarmt den Orangoutang) Hat der Teu=
fel das Rabenvieh schon wieder da (der Orang=
outang holt das Waldhuhn, zeigt es ihm) Nein,
von dir will ich gar nix mehr essen, ich weiß
jetzt ohne dich eine andere Gelegenheit, mei=
nem hungrigen Magen eine kleine Rekreation
zu machen. (er holt seinen Hut) Was das für
schöne Erdäpfel sind, nicht anders, als wenn
sie gemahlt wären (der Orangoutang bemerkt die=
ses) aber kosten muß ichs einmal, wenn sie so
gut schmecken, als sie schön aussehen, so muß
das ein herrliches Essen seyn. (er will hinein=
beissen, der Orangoutanz fällt ihm mit äusserster
Wuth an, schlägt ihn, da er ihm den Erdapfel
angreift, auf die Nase, er läßt den Hut fallen,
so daß die übrigen auch herausfallen) Da ist man
seines Lebens nicht sicher. Der Waldteufel ist
ei=

eifersüchtig, deßwegen will er mich umbringen
(er sucht die Aepfel zusammen, der Orangoutang
fällt ihn mit neuer Wuth an, springt ihm auf den
Rüken, wirft ihn zu Boden, und paukt wacker auf
Jago los, der entseßlich schreit) He! zu Hülfe!
zu Hülfe!

Eilfter Auftritt.

Vorige, Lulla, Ynka, Donna Antonia.

D. Ant. Was ist geschehen? Danti!
Danti! (der Ynka reißt den Pavian von Jago los)

Lulla. Mein Spanier! (der Orangoutang
läßt Jago los, sucht die Aepfel zusammen, und
wirft einen nach dem andern ins Gebüsch, setzt
sich alsdann hin und spielt mit seinen Pfoten, und
schaut abwechselnd bald auf Jago bald auf D. Ant.)

Jago. (noch auf der Erde) Auweh! auweh!
mein Rückgrad ist entzwey.

Ynka. Was hat denn dieser Vorfall zu
bedeuten?

Jago. (schwer athmend, auf der Erde) Da
komm ich auf einmal daher, bring in meinem
Hut solche Früchten, die man bey mir zu Haus
Erdäpfel heißt. (zieht noch einen aus der Tasche)

Ynka.

Ynka. (nimmt den Apfel) Unglückseeliger Mensch! der du gewest wärest, wenn dich nicht dieses Thier gerettet hätte.

Jago. Warum? wenn ich fragen darf.

Ynka. Der geringste Biß in diesen Gift= apfel hätte dich mit den grausamsten Schmer= zen getödtet.

Jago. (Pause, sieht den Pavian an) O! O! o du goldener Danti du! (weinend) Da geh her; von nun an wollen wir leben wie die Brüder. (der Pavian spielt mit Jago)

D. Ant. Seht, Ynka! an dieses liebe Thier habe ich mich so gewöhnt, daß es an mir, so lang es lebt, unzertrennlich seyn soll.

Ynka. Auf welche Art, Donna! seyd ihr denn zu diesem Pavian gekommen?

D. Ant. Kaum bewohnten wir einige Tage diese Höhle, so hörten wir dort in jenem Gebüsch ein schmerzvolles Winseln; wir gien= gen dahin, fanden diesen Orangoutang liegen, das linke Bein halb abgeschossen.

Ynka. Vermuthlich von einem euer Lands= leute geschossen.

D. Ant. Wir nahmen ihn in unsere Höh= le, verbanden ihm seinen Fuß, und nach vier Wochen war er wieder frisch und gesund, nun

verläßt

verläßt er uns nicht mehr, er versieht uns mit dem Nöthigsten von Speise und Trank, bedient uns, schützt uns vor Gefahren, und hat uns schon mehrmalen von dem nahen Tod errettet.

Ynka. Seht, Europäerin! sogar wilde Thiere sind hier nicht undankbar gegen empfangene Wohlthaten. (Plözlich springt der Pavian auf, läuft, Gefahr witternd, umher)

D. Ant. Kommt, wir wollen uns verbergen, es ist Gefahr vorhanden.

Ynka. Geht in eure Höhle, heute noch bring ich euch Freyheit, so wahr ich Ynka bin. (alle in die Höhle ab) (der Orangoutang steigt auf den höchsten Baum.)

Zwölfter Auftritt.

Der Ynka, gleich hernach Fernando.

Ynka. Ja ich will euch retten. Feinden vergeben, sagte sie, mache mich meinem Gott ähnlich? Ja, ich will durch Wohlthun erobern, will einst durch Menschenliebe herrschen. (geht zurück) Wen seh ich?

Fer=

Fernando. (stürzt aus dem Gebüsch) Ich bin
gerettet. Ewige Vorsicht! dir dank ich, ich
bin gerettet.

Ynka. Das ist Fernando, der junge
Spanier.

Fernando. Donna Antonia! nur dich,
nur dich in meine Arme, und ich bin glücklich,
vergesse die Gefahren alle, denen ich entron=
nen bin. (erblikt den Ynka) Ewiges Wesen!
(schlägt die Hände zusammen) wen seh' ich, ich
bin verloren, einen gefangenen Ynka?

Ynka. Den siehst du vor dir, stolzer Eu=
ropäer! diese Fesseln danke ich deiner Nation,
danke ich der Grausamkeit eines Menschen,
der an Wildheit selbst unsrem Tiger gleicht,
einem Menschen, dem du das kostbareste, was
dir verliehen war, dein Leben danken mußt.

Fernando. Himmel! ich zittre. (der Pavi=
an kommt herunter, stellt sich vor die Höhle).

Ynka. Und dieser Barbar ist Admiral
Quastalla, dein Vater.

Fernando. (stürzt zu Boden) Mein Vater!

Ynka. Fasse dich, Jüngling! du hast eine
theure Fürsprecherinn, du bist unschuldig an
dem Tod so vieler Tausenden, derer Blut un=
ser Ufer überströmte; du kamest nicht zu uns,

um

um zu vertilgen ein friedliches Volk, komm
mit mir zurück, der Cacique dieser Provinz ist
mein Vater, ich bürge für dein Leben, für
deine Freyheit.

Fernando. Wie! Ynka! ich soll mit dir
zurück? ach, wenn du wüßtest, welchem Unglück ich durch meine Flucht entronnen bin.

Ynka. Folge mir, Spanier!

Fernando. Morgen war ich bestimmt zum
Opfer des Tigers. List und Verstellung allein
konnten mich retten, aber Ynka! so großmü-
thig du bist gegen den Sohn deines Verfolgers,
eben so tief erniedrigest du mich durch deine
erhabene Gesinnung; willst du aber alle Uebel-
thaten meines grausamen Vaters durch eine
einzige grosse Handlung auslöschen, so schick
mich zurück in mein Vaterland, bringe mich in
die Arme meiner Antonia.

Ynka. Nein, nicht zurück in dein Vaterland, hier! hier! schenk mir die Wonne, dich
als Freund, als Bruder umarmen zu können;
oder soll ich mich dir noch verbindlicher machen? halt, Europäer! in dieser Höhle wohnt
alles, was du in deinen Wünschen vereinigest,
dein Mädchen, deine Antonia.

Fer-

Fernando. Meine Antonia. (will hinein, der Pavian knirscht mit den Zähnen) Was seh' ich?

Ynka. Einen Orangoutang, der aus Dankbarkeit, fühl es, Jüngling! aus Dank- barkeit deine Geliebte schützt; wag es, in die Höhle zu dringen, und du bist des Todes.

Dreyzehnter Auftrite.

Vorige, Donna Antonia, Jago, Lulla.

D. Ant. (in seine Arme) Fernando!

Fernando. Donna Antonia! du mir so nahe?

Jago. Mein lieber goldener Herr da; — Juchhe! es leben die Indianer! (wie der Orang- outang alles so Freudetrunken sieht, umfaßt er Jago, und drükt ihn wild an sich, daß er schreyt der Orangoutang steigt wieder auf den vorigen Baum)

Fernando. Antonia! lange schon ächzt' ich in banger Ungewißheit nach dir, lange schon zählt ich jede Minute, um dich wieder zu sehen, und hier so ganz unvermuthet. —

D. Ant.

D. Ant. Ach, daß ich nur dich wieder habe, lieber Fernando!

Ynka. Ha! es ist eine seelige Empfindung, Menschen um sich glücklich zu sehen.

Fernando. Antonia! ehre diesen Mann, wer hätte geglaubt, Menschen mit solchen Herzen begabt, auf dieser Insel zu finden. (der Orangoutang fängt ein erschreckliches Lermen auf dem Baum an; schreyt, steigt eilend herunter, springt umher)

D. Ant. (erschrickt) Fernando! du bist entflohen, wenn es Leute wären, um dich zu suchen; wenn ich dich wieder zum zweytenmale verlieren sollte.

Fernando. Ynka! soll uns dein Ansehen nicht retten?

Jago. (ängstlich zitternd)

Ynka. Ich bürge für euch.

D. Ant. Wir wollen entfliehen.

(D. Antonia und alle in die Höhle, doch so, daß sie die Indianer noch erbliken).

Vierzehnter Auftritt.

(Ynka, viele Indianer mit Keulen, europäischen Schilden, Sie murren unverständlich. Der Orang-outang setzt sich zur Wehre, sie wollen ihn erschlagen.

Ynka. (tritt unter sie) Was ist euer Begehren? wohin wollt ihr? (alle stürzen mit ihren Gesichtern zur Erde)

2ter Ind. Es ist unser Ynka!

1ter Ind. Du hier, Sohn unsers Königs! schon Mondenlange ist jede Freude stumm in den königlichen Mauren. Den Sohn unsers Königs hielten wir für verloren,

Ynka. Indianer! bringt mich zu meinem Vater.

2ter Ind. Aber uns ist entflohen ein zum Opfer bestimmter Europäer, laßt uns ihn in dieser Höhle aufsuchen. (will dahin, der Bavian schwingt seine Keule, legt sich vor die Höhle hin)

Ynka. Folget mir, die Flucht dieses Europäers will ich auf mich nehmen.

1ter Ind. Nicht zu Fuß, Sohn der Sonne! auf unsern Händen müssen wir dich zu deinem Vater bringen. (sie knien alle hin, halten ihre Schilde zusammen, der Ynka steht darauf)

2ter Ind.

2ter Ind. Wir haben den Sohn unsers Königs!

Alle. Wir haben unsern Ynka wieder. (Sie tragen ihn ab, der Orangoutang bleibt liegen).

(Der Vorhang fällt).

Ende des ersten Aufzugs.

Zweyter Aufzug.

(Voriges Theater)

Erster Auftritt.

Jago allein,

(sitzt vor der Höhle, hat ein Gefäß vor sich mit
Milch).

Jago.

Seitdem meine Donna ihren Geliebten wie=
der hat, schaut sich kein Mensch mehr um mich
um; sogar ihr Kammerdiener der Danti ist
ihr ganz gleichgültig. Was hab' ich denn da
in der Tasche? einen Giftapfel? wie wärs,
wenn ich die Frucht da in die Milchsuppe
schnitt, und unsrem Danti zu fressen gäb?

Zwey=

Zweyter Auftritt.

Jago. Orangoutang.

Orang. (kommt, und bringt ein todes Eich=
hörnchen)

Jago. Er hat mir freylich ein paarmal
das Leben gerettet, aber — ich kann den Kerl
nicht leiden, weil er meine Lulla gern sieht.
(der Orangoutang stutzt, will das Eichkatzel rupfen)
(geht zu ihm hin, nimmt die Schüssel) Du , geh
her; iß und laß dirs gut schmeken. (der Oran=
goutang nimmt die Schüssel, riecht daran, schüt=
telt den Kopf, wirft die Schüssel fort, setzt sich
hin und rupft wieder an seinem Eichhörnchen)
Der hat eine Nase über einen Apotheker. Aber
wart, du mußt mir doch ins Gras beissen.
(beiseite) Umbringen kann ich ihn nicht selber,
aber ein Werkzeug will ich ihm in die Hand
geben, um sich selber aus der Welt zu schaffen!
In der Höhle hab ich ein paar Pistolen, eine
davon will ich laden vor seinen Augen, der
Kerl macht alles nach, vielleicht erschießt er
sich selber damit; (ab in die Höhle. Der Oran=
goutang wird bös, da die Haare nicht heraus wol=
len, wirfts weg, holts aber gleich wieder. Jago
bringt die Pistolle, setzt sich hin, der Bavian wird
auf=

aufmerksam, schaut dahin) er schaut schon, er
schaut schon der neugierige Vogel, (er schlägt
den Hahn hin und her, setzt den Lauf an die Brust
dieß thut er öfters, und legt endlich die Pistole
beiseite, ab, hinter einem Baum. Orangontang,
rupft immer fort, endlich schaut er auf, holt die
Pistolle macht alles nach, bezeugt seine Freude.

Dritter Auftritt.

Vorige, D. Antonia an Fernandos Hand.

Fern. Und in dieser schreckvollen Gegend
hältst du dich schon die 3 lange, fürchterliche
Monate auf, Antonia!

D. Ant. Schon 3 volle Monate, von
dir getrennt, Fernando! o sie schienen mir so
lange daurend, wie die ewige Ewigkeit.

Fern. So schrecklich dein Schicksal seyn
konnte, Antonia! um so fürchterlicher war das
meinige. Bedenke den Schmerz des alten Ca=
ciquen, ihm ward sein einziger Sohn geraubt
ich war in ihren Händen, mich sahen sie an
als das gerechte Opfer ihrer Rache und ihrer
Ver=

Verſöhnung. Denn morgen, Antonia! war der
fürchterliche Tag, an welchem ich dem Jllapa
ſollte geopfert werden.

D. Ant. Sollte es möglich ſeyn, daß
ſolche Menſchenopfer noch ſtatt finden? und
welche Begriffe verbinden ſie denn mit ihrem
Gott Jllapa?

Fern. Dieſes ſeiner Natur nach ſo gut ge=
ſinnte Volk, betet zwey ſeinen äuſſerlichen Be=
griffen auffallende Gottheiten an. Die Son=
ne, ihren guten Gott, weil dieſes Himmelsge=
ſtirn den Menſchen erwärmt, ſeine Felder be=
fruchtet, alſo am meiſten zur allgemeinen Er=
haltung des Ganzen beyträgt; den Jllapa, ih=
ren böſen Gott verehren ſie, um jede Gefahr
von ihnen abzuwenden, ſie vor dem Ueberfall
ihrer Feinde zu ſchützen, und ſie den frohen
Genuß der wohlthätigen Sonne lange genieſ=
ſen zu laſſen.

D. Ant. Welche Begriffe! und morgen
ſollte das blutige Feſt dieſes furchtbaren Got=
tes gefeyert werden?

Fern. Höre, das ſchreckliche Bild, wel=
ches ſie ſich von dieſer Gottheit machen; ſein
Mund, ſagen ſie, ſey mit dem Gift der Peſti=
lenz angefüllt, welches er jedem, der ihm zu

nahe

nahe kömmt, auszuhauchen drohete; in seinen
finstern und hohlen Augen funkle das verzeh=
rende Feuer der Hungersnoth und der Wuth,
in der einen Hand hielte er die Pfeile des
Krieges, und in der andern schüttle er die Fes=
seln der Gefangenschaft.

D. Ant. Das fürchterliche Bild dieser
Gottheit, mahlt mir auf einmal die schreckli=
che Gefahr vor, welcher du so glücklich entgan=
gen bist. (umarmt ihn, es lassen sich hin und wie=
der einige umherirrende Indianer auf dem Ge=
bürge sehen. Sie bemerken diese beyden, berath=
schlagen sich) Ach! wenn ich dich nie mehr gese=
hen hätte, wenn du für die Schuld deines
Vaters hättest büssen, das Opfer zur Versöh=
nung dieser grausamen Gottheit worden wä=
rest. (Die 2 Indianer zielen auf die beyden mit
ihren Pfeilen, der Pavian spielt immer noch mit
der Pistole, hält sie endlich so, daß sie losgeht;
einer der Indianer stürzt vom Gebürge herunter,
der andere entflieht, der Orangoutang vor Schre=
cken fällt zur Erde. Jago kömmt herfür, der
Orangoutang liegt als todt da).

Jago. Was ist hier geschehen?

D. Ant. u. Fern. (äusserst besorgt um ihren
Orangoutang) Himmel! was seh' ich, wer hat
das unschuldige Thier getödtet?

Fern.

Fern. Wer gab ihm denn die Pistole?

Jago. Ich habs ihm geben, und habs selber geladen, er hat ja alles bey seinen Leb=zeiten ausschnoffeln müssen.

D. Ant. (troknet sich eine Thräne ab) Das arme Thier, also hier in deinem Vaterland hast du dir durch deine eigene Schuld den Tod ge=ben müßen? ich hätte ihn so gerne zur Beloh=nung seiner treuen Dienste nach Europa ge=bracht.

Jago. (weinerlich) Es ist wahr, da hätt man ihn doch in einer Hütte sehen lassen kön=nen.

Fern. Was seh' ich, Antonia! (führt sie zu dem Indianer. Er kommt zu sich, flieht davon) Komm, laß uns fliehen, unser Aufenthalt ist verrathen, die Kugel hätte vielleicht diesen In=dianer treffen sollen, und sie traf deinen treuen Orangontang.

D. Ant. Aber wohin, Fernando! ver=sprach nicht der Ynka uns zu retten?

Fern. Wer bürgt uns dafür, daß die menschenfreundliche Gesinnung des Ynka an=genommen wird; folg mir, ich kenne den Weg zu einer nahen Bucht, dort sah ich Fischerkäh=ne, vielleicht sind wir so glücklich, durch einen

der=

derselben das spanische Ufer zu erreichen (beyde
eilig ab).

Jago. Hab ich dich einmal erwischt? Jezt
daurt er mich halt doch, da er tod ist (er geht
zu ihm hin) armer Teufel! man sieht nicht ein=
mal eine Wunde, aber pfui! (weinerlich) wenn
ich die Sache recht überleg, so bin ich doch ein
undankbarer Kerl; er hat mir so oft das Le=
ben errettet, und ich, geb ihm ein Werkzeug
in die Hand, um sich damit zu tödten. (der
Affe macht die Augen auf, beißt die Zähne über=
einander. Jago erschrikt, schreyt) he! Donna!
gnädiger Herr! unser Danti lebt. (sie nehmen
beyde ihre gepackten Mantelsäcke, und gehen so
Hand in Hand ab).

Vierter Auftritt.

Kurzes Zimmer des Sonnenpriesters)

Lulla, der Sonnenpriester.

Lulla. (zieht ihn schmeichelnd an der Hand
herein) Nun so kommt nur mit eurer Lulla,
lieber Vetter! es ist ja nicht möglich, daß ich
euch

euch alles das vor den andern erzählen kann.

Sonnenp. Mädchen, Mädchen! du hast keinen guten Weg gewählt; das, was du mir von dem Aufenthalt der beyden Europäer sag= test, darfst du nur deinem Vetter, nicht dem Sonnenpriester entdecken; bedenke, Lulla! du eine Indianerinn, und er ein Europäer.

Lulla. Hab auch schon daran gedacht; aber was ist denn zwischen ihm und unsern Maunsleuten für ein Unterschied? |

Sonnenp. Du sprichst, Lulla! wie ein Mädchen deiner Jahre sprechen kann, die den ersten Keim jugendlicher Liebe in ihrem Busen fühlt.

Lulla. Aber nicht wahr, lieber Vetter! ihr werdet mir schon erlauben, daß ich ihn hieher bringen darf?

Sonnenp. Mädchen! du kennst mich; du weißt, daß ich den Europäer wie den Indianer, jenen wie diesen für meinen Bruder hal= te; ich prägte dir von der frühesten Jugend an dieses so allgemeine Naturgesetz: liebe deine Mitmenschen: so tief in den Busen; diesen meinen Grundsätzen dankest du auch jene lich= te, erhabene Känntniß der Gottheit, die sonst

nicht

nicht jedem Indianer so helleuchtend dargestellt wird.

Lulla. Ach lieber Vetter! das weiß ich alles.

Sonnenp. Und wenn ich dir auch erlaubte, den Spanier zu mir zu bringen, wer ist dir Bürge dafür, daß nicht die Priester des Illapa, sobald sie seiner habhaft werden, ihn zum Opferaltar schleppen, und unserm bösen Gott zu fressen geben.

Lulla. Dafür will ich schon sorgen, daß sie ihn nicht zu sehen kriegen, erlaubt mir nur, daß ich ihn bringen darf.

Sonnenp. Nun so bring ihn. und ist er werth, daß du ihn liebest, bequemt er sich aus Liebe zu dir die Sonne, unsern Vater zu verehren, so bin ich der erste, der dir ihn als deinen Gatten zuführt, um dich mit ihm ganz glücklich zu machen, (ab)

Fünfter Auftritt.

(Königliches Zimmer)

(Im Hintergrund ein goldener Thron. Oben sitzt
der Cacique, auf beyden Seiten die Ynkas;
weiter unten 2 Sonnenpriester, ganz unten 2
Priester des Illapa. Königliche Wache.

Caciq. Söhne der Sonne! einst war ei=
ne Zeit, wo Friede und Eintracht in den glük=
lichen Gegenden Indiens herrschten; eine Zeit,
wo wir, entfernt von jeder fremden Nation
keinen Sinn hatten für Trug und Verstellung,
nicht Laster kannten, die uns Indianern jetzt
so allgemein wurden.

ıter Ynka. Der Ackersmann pflügte in
Ruhe sein Feld, und aß, umgeben mit Weib
und Kindern in fröhlicher Zufriedenheit die
Früchten seines Schweißes; jeder Indianer
war Krieger für die Aufrechthaltung der Gese=
tze, jeder stritt für die Vertheidigung des Va=
terlandes.

Caciq. Aber diese glückliche Zeit ist da=
hin, seitdem Europäer in unsere Gegenden
e drangen, und ihre Tyraney gleich einer Feu=
rsbrunst um uns verbreiteten. Unsere Lände=

reyen

reyen sind verheert, ganze Familien ihrer Ober=
häupter beraubt, Väter ihren Kindern entris=
sen, — Kinder, — Söhne! selbst mich traf das
traurige Vaterlooß, meinen einzigen, hofnungs=
vollen Sohn verlohren zu haben.

1ter Ynka, Wie gerne möchte ich, Völ=
ker Indiens! über diese schreckliche Begeben=
heit einen dichten Schleyer ziehen, wie gerne
dieselbe unserer ewigen Vergessenheit übergeben
Ihr alle waret Zeugen, wie grausam Men=
schen gegen Menschen handeln konnten; unser
Ynka, der Sohn unsers Caciquen ist gefangen
im Triumph fortgeführt durch den Barbaren,
dessen Name noch Tausende in der Folgezeit
fluchen werden,

2ter Ynka. Dafür aber haben wir die
süsse Rache, den Sohn dieses Tyrannen in
unserer Gewalt zu haben. Ihr wisset Priester
der Gottheit! welcher ihr zu Diensten seyd,
welch ein feyerlicher Tag euch morgen bevor=
steht; Illapa! dessen heilige Opfer ihr schon
Jahre lange so schnöder Weise vernachlässiget
habt, fodert blutige Versöhnung von euch.
Auf Diener dieser Gottheit! trettet herfür,
rufet Rache aus über ihn, der uns bürgen soll

mit

mit seinem Blute für jede verübte tyrannische
That seines Vaters, rufet Rache über ihn.

1ter Priest. des Illapa. Rache über ihn,
er sey das Opfer unserer Gottheit!

2ter Priest. des Illapa. Rache über ihn,
durch ihn wird versöhnt der Gott des Tygers.

Caciq. Diener der Sonne! die traurig=
ste Pflicht des Königs ist das Strafen, meine
Würde unter euch heischt Güte, aber auch Ge=
rechtigkeit. Diesen Spanier, welchen ihr zum
Opfer unsers bösen Gottes bestimmt habt, über=
gebe ich euch zur gesetzmässigen Feyerlichkeit
des morgigen Tages. Er seye das Söhnopfer
seiner Nation, und bringe Ruhe zurück über
ein Volk, das so glücklich war in dem Genuß
seines Lebens, ehe es europäische Barbarey
kennen lernte.

1trr Priest. Rache über ihn!
Alle. Rache über ihn!

Sechster Aufttitt.

Vorige, ein vornehmer Indianer.

Indian. (stürzt zu des Caciquen Füssen) König, Erster der Ynkas! Sohn der Sonne!
vernimm eine Nachricht, die dich und euch alle
in Trauer und Schrecken setzen wird.

Caciq. Was ist geschehen?

Indian. Der gefangene Spanier, so eben
rief mich meine Pflicht, zu ihm zu gehen, und
ich fand seine Basibande auf der Erde, das
Gefängniß geöfnet, und er vielleicht auf ewig
unsern Händen entzogen.

Alle. Wehe über uns! (alle stehen auf in
Verwirrung)

1ter Priest. Nun wird er seine Landsleu-
te aufsuchen, kundig durch den langen Aufenthalt seiner Gefangenschaft unserer Gebräuche
und Sitten uns aufs neue verrathen, und mit
verstärkter Macht in unsere Länder eindringen.

Indian. Ich habe schon 100 meiner Leute ausgeschickt, um ihn aufzusuchen; alle Fahr-
zeuge an den Ufern sind besetzt, ihm die Ueber
fahrt zu erschweren. Lassen wir ihn zurückkehren

ren in sein Vaterland so sind wir verloh=
ren —

Caciq. Ich habe meine Pflicht erfüllt als
Ynka; Sonne, mein Vater! wenn ich deine
heilige Gesetze je übertretten habe, so höre auf,
mich zu beleuchten, befiehl dem Diener deines
Zornes, dem schrecklichen Illapa, daß er mich
zu Staub zerreibe; gebeut der Vergessenheit,
mich aus dem Andenken der Sterblichen zu
tilgen. Ich habe lange genug regiert, schmerz=
voll hörte ich die Klagen meiner Unterthanen,
und ich konnte sie nicht stillen; bald sind mir
auch meine Lebenstage zu viel, denn ich habe
ja keinen Sohn mehr.

Siebenter Auftritt.

Vorige, Opferpriester des Illapa.

Priest. (in Schwärmerey, ohne Kopfzierde,
mit zerrissenem Oberkleid) Rette dich, König!
fürchterliche Gefahr droht deinem Leben; schon
ziehen sie wieder einher in gethürmten Haufen,
die Europäer; dürstend nach unserem Blut,

Orangoutang.   D   aui

auf ihren wiehernden Rossen getragen, Don=
ner und Blitz in ihrer Gewalt.

Caciq. Eilet in den Tempel unsers guten
Gottes, der Sonne! ihr Licht leuchtet und er=
wärmt den Indianer, so wie den Europäer; sie
breitet aus ihren beglückenden Einfluß über den
König, so wie über den, der das Land be=
pflügt. Der guten wohlthätigen Gottheit las=
set uns zuerst Opfer bringen. Lasset uns durch
würdige Früchte sie versöhnen, damit sie ab=
wende und von uns nehme die Rache des bö=
sen Gottes, denn unser Vater, die Sonne ist
wohlthätig, wir wollen sie durch Wohlthun
versöhnen. (sie wollen fort, voriger Priester hält
sie zurück)

Priest. Höre mich, König! höret mich
alle, vernehmet meine Worte, der ich im Na=
men eines höheren Wesens hier bin. Wollt
ihr euch noch wundern, Indianer! über die
Schwachheit unserer Götter, über den Verfall
ihrer Macht? So eben komme ich zurück aus
dem geheiligten Hayn des Illapa, der mäch=
tigen Gottheit des Bösen; ich schlief unter
der Zinne des Tempels, und er erschien mir
in den Finsternissen der Nacht, mitten unter
Wolken, welche der Blitz durchschlängelte.

Alle.

Alle. Wir sind verloren.

Priest. Sein ungeheures Haupt berührte den Himmel; seine Arme, welche sich von Mittag bis nach Mitternacht ausstreckten, schienen die Erde einzuhüllen. Gleich dem Brausen des Sturmwindes vernahm ich folgende Worte: Ihr verachtet mich, wo ist die Zeit, wo 20000 Gefangene in meinem Tempel geschlachtet wurden? habt ihr vergessen, ihr Diener meiner Rache, daß ich Illapa bin, und daß alle Plagen des Himmels die Sklaven meines Zornes sind.

2ter Ynka. Auf, Ynkas! auf Indianer! laßt uns die Waffen ergreiffen, spannet eure Bogen, lasset uns ausgehen, 1000 Europäer zu erhaschen, um sie dieser fürchterlichen Gottheit zu opfern.

ıter Priest. Dann bringe das Volk Kokos, Bananan, und Zimetöhl im Ueberfluß in den Tempel, damit sie in aller Eil gemästet, und am morgigen Tag der fürchterlichen Gottheit zu Ehren geopfert werden.

Opfer Priest. Zu den Waffen — Indianer! es gilt blutige Versöhnung für unsre Gottheit.

Ind. Zu den Waffen? (Alle wollen ab
Man hört in der Ferne einen indianischen Marsch)

Caciq. Was hör ich?

1ter Ynka. Vielleicht war das Bemühen
unserer Leute nicht unnütz, vielleicht hat uns
das Schicksal so glücklich gemacht, unsern Feind
wieder in unsere Hände zu bringen. (Der
Marsch kömmt näher, man hört verwirrtes Rufen)
Es lebe der Ynka!

Achter Auftritt.

Vorige, der Ynka, Volk.

(Der Marsch kommt ganz nahe, die Thüren des
Saals öfnen sich, der Ynka wird auf den Schil-
dern tragend gebracht. Sie knien hin).

Alle. Der Ynka! der Ynka!

Caciq. Gütige Sonne! der Ynka, mein
Sohn. (er stürzt in des Vaters Arme. Plötzliche
allgemeine Stille).

Ynka. (gebückt, küßt ihn auf das Herz)
König!

Caciq. (legt seine Hand ihm auf die Stirne)
Ynka! mein Sohn! gebeugt vor Alter und
Kummer wag ich es kaum, meine Augen zu
erhe-

erheben zu dir, (gegen die Sonne) mein Vater!
schon fieng der schwächliche Greis an, zu mur=
ren mit den ewigen Rathschlüssen, schon zu
freveln mit des Himmelsführungen, denn ihm
war sein Sohn geraubt; und itzt, da ich ihn
wieder in meine Arme schliesse, wer wagt es
seine Glückseeligkeit mit der meinigen aufs
Spiel zu setzen? (er umarmt ihn).

Opferpriest. des Jllapa. Folgt mir, In=
dianer! überlassen wir den König ganz seiner
väterlichen Empfindung. Ihr wißt, welche
heilige Pflicht uns zur Rache fodert.

Alle. (bis auf den Ynka, Caciquen und den
Sonnenpriester) Auf zu den Waffen, auf zur
Rache! (ab)

Neunter Auftritt.

Ynka, der Cacique, der Sonnenpriester.

Ynka. (zu dem Cacique) Was soll diese
Raserey? woher die viehische Wuth, die ich
auf diesen Menschengesichtern erblicke?

Caciq. Mein Sohn! seit deiner unglück=
lichen Abwesenheit, lebte bey uns in Gefan=
gen=

genschaft der Sohn des europäischen Admirals, er fiel in unsere Hände, als er eben an
Meona = Fluß ein Boot besteigen, und an die
jenseitige Küste flüchten wollte; die Priester
des Illapa bewahrten ihn auf zu ihrem Fest,
welches morgen vor Sonnenuntergang gefeyert werden sollte, und nun ist er entflohen.

Ynka. Mein Vater! ist es mir erlaubt,
frey, ohne Zurückhaltung mit euch zu reden?
Niemand der uns störte. Dieser alte ehrwür-
dige Greis, glaubt mir, er wird mich verste-
hen.

Caciq. Rede frey, mein Sohn!

Ynka. Nicht wahr, mein Vater! es ko-
stet den Menschen in seinen früheren Jahren
oft so viele Mühe, wahre Begriffe von der
Gottheit, die wir verehren sollen, anzuneh-
men; aber glaubt mir, nur eine Viertelstunde
wahre Ueberzeugung, und weg, dahin ist auf
immer jedes Vorurtheil, jeder falsche Begriff
von Gottheiten, die nur in unsern Sinnen,
und nicht in unsrem Herzen statt finden.

Caciq. Was willst du damit sagen, mein
Sohn?

Ynka.

Ynka. Glaubt mir, mein König! daß ich Ursache habe, zu seegnen die Mondenfrist, die ich in den Händen der Spanier zu brachte.

Caciq. (verwundernd) Ynka!

Ynka. Denn ich habe gelernt die goldene Lehre, die uns Menschen zwar die Natur schon in das Herz schrieb; habe mich durch Gründe überzeugen laßen, daß wir Menschen, die Europäer wie die Indianer, alle Brüder, alle Werke eines Schöpfers wären; lernte kennen einen Gott, unsern Augen zwar unsichtbar, durch seine Werke aber desto begreiflicher; lernte kennen die Gottheit der Natur, die unsere Sonne aufgehen und niedergehen heißt, der wir, ohne es noch gewußt zu haben, ohne sie zu kennen, schon so lange dienten, die wir anbeteten, vor der wir täglich, wenn sie herauf kömmt in ihrer Majestät, unsere Knie beugen, und unsere Häupter zur Erde sinken.

Caciq. Ich erstaune! was sagt ihr dazu, frommer Diener der Sonne!

Sonnenp. Mein König! 40 Jahre sind vorüber, die ich der Sonne diene, o schon manche Nachtwache, die ich mit den unumstößlichen Zweifel erlebt habe, es müße ein höheres Wesen seyn noch größer als die Sonne,

ein

ein Wesen, das nach seinem Willen, nach seiner unbegreiflichen Weisheit dieses Himmels-
gestirn regieren müsse; so oft, daß ich mich da-
rüber in tiefen Gedanken verlor, so oft, daß
ich das unerforschliche, das Unerreichbare,
das dem Menschen unfaßliche wieder verließ,
meinen einmal anererbten Grundsätzen treu
blieb, weil ich bey meinem Forschen kein Ende finden konnte. (Pause) Verzeiht mir Herr!
ihr verlangtet meine Meynung, ich würde sie
nicht so offen gesagt haben, wenn ich nicht zu
dem Vater meines Zöglings gesprochen hätte.

    Caciq Und von wem, Ynka! lerntest du
diese Grundsätze?

    Ynka. Von einem ehrlichen frommen,
alten Manne; diesem ward ich von dem Admiral zur Verwahrung gegeben mit dem Be-
fehl, mich auf der Reise zu unterrichten; Ich
fand in ihm nicht allein meinen Lehrer, meinen Freund, er war mein Vater; und da ich
ihm erzählte, daß ich der einzige Sohn, der
Sohn des Caciquen— da ich ihm erzählte, wie
nahe ich dem Herzen meines alten Vaters
wäre, o König! Thränen quollen ihm über seine ehrliche Wange herunter, geh hin, sagte er,
eile in die Arme deines alten Vaters, ver-

lán=

längre die letzten Tage seines Lebens, und wenn er einst zum Grabe reif seyn soll, so drück' ihm die Augen zu, ruf ihm noch in das Ohr, Vater! es muß eine Wonne seyn, von Kindern gesegnet und beweint in die Grube fahren zu können.

Caciq. Und das sagte ein Europäer?

Ynka. Mit diesem Lebewohl verließ er mich, machte Anstalt zu meiner Flucht: und wenn du den Sohn des Admirals bey den deinigen findest, sagte er: so schick ihn zurück. Vielleicht weint auch eine Mutter um ihn, wenn schon der Vater seine Hand mit dem unschuldigen Blut der Indianer besprißte.

Caciq. Ach! wenn sie ihn nur nicht fänden.

Ynka. (froh) Und das wünschet ihr, mein Vater! (stürzt vor ihn hin) König! ich weiß den Aufenthalt des Spaniers. Laßt uns Wohlthaten mit Wohlthaten vergelten, wir wollen ihn aufsuchen, wollen ihn zurückschicken in sein Vaterland.

Caciq. Du weißt seinen Aufenthalt? sagst du? wenn ihn aber die Diener des blutdürstigen Tigers eher fänden als wir.

Ynka.

Ynka. Denn laſſet uns mit Gewalt ein altes Vorurtheil zerſtören. Die Anbetung des Tigers iſt die Verehrung der Furcht, nicht die Verehrung der Liebe; und ſollten wir kein ewiges Weſen finden können, das allein unſere Liebe verdiente? (küßt ſeinen Vater) O mein Vater! ich ſehe an der Freude, die aus euren Augen ſtrahlt, daß ihr nicht zu alt ſeyd, die Altäre dieſer abſcheulichen Gottheit umzuſtürzen.

Sonnenp. Fürſt! betrachtet die Sonne, welche itzt bald ihren Lauf endigen wird, wie viel gutes erwies ſie nicht den Menſchen ſeit ihrem Aufgang bis zu ihrem heutigen Niedergang. Bedenket, Fürſt! was dieſem Geſtirn am meiſten gleicht, iſt ein guter König.

Caciq. (ſich bedenkend) Ich alter Mann! was ſoll ich unternehmen?

Ynka. Mir folgen, mein Vater! (küßt ſeine Hand) eurem Sohn, der jeder Gefahr troßen will, die euch bedrohet, der jeden Tropfen ſeines Blutes für euch, fürs Vaterland beſprißen will.

Caciq. (entſchloſſen) Ynka! ich folge dir.

Ynka. Nun dann, Vater! laſſet uns zerſtören mit Muth und Zuverſicht die Altäre dieſes

ſes

ses Götzenbildes, glaubt mir, es giebt keinen
Gott, der nach Menschenblut dürstet, dem das
Aechzen erschlagener Feinde angenehm seyn
kann. Nur durch Menschenliebe machen wir
uns der Gottheit ähnlich, dessen Urbild ihr als
König traget.

(alle ab)

Zehnter Auftritt.

(Offenes Theater. See).

(Der Orangoutang einen Pack auf den Rücken gebunden, hat eine Kokusnuß in den Pfoten und
ißt. Unter dem Essen visitirt er Jagos Felleis-
sen, packt aus, einen Sackspiegel, Puderquaste
und dergleichen, hängt Jagos Säbel um, nun
öfnet er den andern Pack, findet einen Fächer
u. dgl. eine weibliche Nachthaube, die er sich
aufsetzt, und dann im Spiegel beschaut. Er
steht auf, geht umher und macht sich Wind
durch den Fächer. Neben dem Ufer stehen einige Bäume, worunter ein hoher Kastanien
Baum ist).

Eilf=

Eilfter Auftritt.

Orangoutang, Jago.

Jago. Jetzt da schau ein Mensch den Af=
fen an, was er treibt. (der Orangoutang macht
komische Sprünge, äft den Jago nach) (ruft)
Danti! Danti! (er springt zu ihm hin, macht
ihm Wind durch den Fächer) wart, wenn dich
die Donna in ihrer Schlafhaube sehen wird,
giebs her. (wills ihm nehmen. Der Orangoutang
retirirt sich auf den Baum, und wirft mit
Kastanien.

Zwölfter Auftritt.

Vorige, Lulla.

Lulla. Hab ich dich wieder, lieber Spa=
nier! warum hast du denn deine Höhle verlas=
sen, ohne mir etwas davon zu sagen, du wirst
doch nicht heimlich fortreisen wollen?

Jago. Ich, behüt der Himmel; ich und
mein Herr und meine Donna machen nur eine
kleine Spazierfahrt auf der See, (beiseite) die

wird'

wird' aufschauen, wenn sie die Wahrheit er=
fährt.

Lulla. Denk nur daran, du darfst mit
mir kommen; mein Vetter gab mir die Erlaub=
niß, daß ich dich nach Hause bringen darf, es
ist dir doch lieb, nicht wahr, lieber Spanier?

Jago. Nun ja, das versteht sich.

Dreyzehnter Auftritt.

Vorige, Donna Antonia, Fernando eilend.

Fernando. Jago! mach dich fertig, ich
war so glücklich für einige europäische Spie=
lereyen einen Schifferkahn zu kaufen.

Jago. Wie? rei — reisen wir also wirk=
lich.

(Sie wollen alles in das Schiff tragen, entferntes
Lermen.

Vierzehnter Auftritt.

Vorige, einige Indianer mit Keulen.

Ind. Schlagt sie todt, es sind unsre Feinde! (kurzes Gefecht zwischen Fernando, der Pavian kommt auch herunter).

Fünfzehnter Auftritt.

Vorige, ein Indianer.

Ind. Haltet ein, der Inka kömmt!

Sechzehnter Auftritt.

Vorige.

(Der Ynka getragen in einer prächtigen Hangmatmatte, viele Indianer. Sie stürzen zu seinen Füssen. Wie der Orangoutang so viele Menschen sieht, reterirt er sich wieder auf den Baum).

Fernando. Ynka! du schwurest mir bey der Sonne, uns zu retten, und nun schickest du Leute aus, uns zu erschlagen, uns zu tödten.

Ynka.

Ynka. Europäer! dein Mißtrauen, das du in meine Worte setzest, könnte mich erröthen machen, wenn ich nicht gewohnt wäre, edler von euch zu denken; du verliessest deinen vorigen Aufenthalt, und willst, wie ich sehe, dich durch die Flucht retten.

D. Ant. Wer konnte bürgen, Ynka! daß deine edle Gesinnung, die du gegen uns äussertest, von deinem Vater gebilliget würde.

Ynka. Wer dir dafür bürgen konnte? Mein Wort, das ich als Ynka von mir gab; steht auf, ihr seyd frey. Ich schwur euch Freyheit bey der Sonne, diese geniesset; willst du aber Europäer nicht ganz ohne Verbindlichkeit von mir zurückkehren in dein Vaterland, so komm mit mir, selbst mein alter Vater kömmt dir entgegen, um dich als Freund, um dich als Bruder zu umarmen.

Siebenzehnter Auftritt.

Vorige.

(Man hört einen indianischen Marsch entfernt).

Fernando. Ynka! bey Gott! ich erstaune über eure Gesinnungen, ich fand unter euch

das,

das in so grosser Menge, was man in Europa so selten findet, gute Menschen.

Ynka. (küßt ihn auf die Stirne) Kehre mit uns, Fremdling! sieh in mir deinen Bruder, gieb mir deine Hand und dein Herz, und alles steht dir zu Gebott; ha, mein Vater!

Achtzehnter Auftritt.

(Der Marsch kömmt näher. Ein indianisches prächtiges Fahrzeug, darinn der Sonnenpriester, der Cacique, die Ynkas, Hofstaat auf erhöhten Plätzen. Alles stürzt zur Erde. Der Cacique geführt von seinem Sohne).

Ynka. Hier König! mein Vater! hier ist der Europäer, der das Lösegeld für euren Sohn nach Hause bringen soll.

Caciq. (umarmt ihn, hebt ihn auf) Vergessen sey alle Feindseligkeit zwischen uns, kehre mit mir zurück, in meine Mauren, mein königliches Wort soll dir für jede Gefahr bürgen.

Fernando. König! dein Sohn, der Ynka beglückte mich mit dem schönen Brudernamen, und wo dieser Name statt findet, da ist ja

wohl

wohl keine Gefahr zu scheuen; aber meine Antonia — (zu Ynka)

Ynka. Liebet euch auch unter diesem Himmelsstrich. Vermehret unsre Provinz mit so guten Nachkömmlingen, wie Vater und Mutter gut sind; so machen wir nur eine Familie aus, und ihr werdet glücklicher, als in eurem Europa seyn. (Der Cacique führt den Spanier, der Ynka die Donna, Lulla den Jago in das Schiff der Marsch fängt an).

Jago. Soviel ich merk, reisen wir also nicht nach Spanien.

Lulla. Du reisest mit deiner Lulla, komm —

Alle. (zu oftmalen unter der Musik) Es lebe der König! es lebe der Ynka! (die Musik verliert sich allmählig, der Orangoutang kommt vom Baum herunter, sieht sich um, sieht, daß er vergessen worden ist, schaut an dem Ufer hin und her, erblickt eine Diele, sezt sich darauf, und schwimmt nach.

Ende des zweyten Aufzugs.

Dritter Aufzug.

Erster Auftritt.

(Waldgegend).

(Hin und wieder auf kleinen Hügeln niedere Leim-
hütten zerstreut. Der Cacique, die Ynkas,
der Ynka, sein Sohn. Die 2 Priester des Illapa. Der Sonnenpriester.

Cacique.

Und ihr solltet wirklich so grausam seyn können, das Blut dieses Europäers zu verlangen?
(tritt vor) Wisset, Indianer! ehe ich euch diesen Jüngling Preiß gebe, nehmet mich, statt
ihm, euren König; daß ihr meinen Sohn,
daß ihr euren Ynka wieder habt, war nur
still-

ſtillſchweigende Bedingung des Europäers;
unſere Pflicht iſt, dieſe Bedingung zu erfüllen,
und nicht Dank mit Undank zu belohnen.

1ter Prieſt. d: Illapa. Unſere Gottheit ver=
langt ein Opfer.

2ter Prieſt. d: Illapa. Ein blutiges Opfer
zur Verſöhnung.

Ynka. Nun ſo werde ſeine Wuth
durch das Blut unvernünftiger Thiere geſtillt,
und nicht durch das Blut unſerer Mitmenſchen;
oder Diener einer ſo fürchterlichen Gottheit!
haltet ihr vielleicht dieſen Fremdling nicht auch
für einen Menſchen, wie ihr ſeyd?

2ter Prieſt. d: Illapa. Er betet den Tyger
nicht an.

Jung. Ynka. Auch ich bete ihn nicht an.
Wiſſet, auch ich bete ihn nicht an; (ſie verſto=
pfen die Ohren) 24 Jahre, die ich lebte, und
noch nie beugte ſich mein Knie vor euren Al=
tären; noch nie, daß ich hörte den fürchterli=
chen Schwanengeſang eurer Menſchenopfer.
(rüttelt die Prieſter) Höret mich! ihr, die ihr
Diener eines höheren Weſens ſeyn wollt, wo=
her habt ihr dieſes Geſetz empfangen? dieſes
Geſetz kann nur Menſchenhaß und Neid zuerſt

in

in das Herz eines eurer Vorfahren gegraben
haben.

1ter Prieſt. d: Illapa. UnſerGebrauch war
von den älteſten Zeiten her, ihm die gefan=
genen Europäer zu opfern.

Sonnenp. Und ſollten hundertjährige Ge=
bräuche, wenn ſie den Stempel der Barbarey
und Unmenſchlichkeit tragen, nicht abgeſchaft,
nicht von uns ausgerottet werden können?

Jung. Ynka. Leget eure Vorurtheile ab,
werdet das, wozu euch die Natur beſtimmte,
werdet gute Menſchen; wie lange wollet ihr
noch, Indianer! den fürchterlichen Illapa un=
ter dem erhabenen Bild einer Gottheit ver=
ehren?

Sonnenp. Betrachtet die Sonne, euren
Vater! Sie gehet über uns auf, verbreitet ih=
re Wärme; durchwandelt ihre groſſe Laufbahn
und bezeichnet ſie täglich mit neuen Wohltha=
ten; die ganze Natur genieſſet dieſe Wohltha=
ten, und ſie behält ſich weiter nichts vor als
das ſanfte Vergnügen, ſolche genieſſen zu ſe=
hen.

Jung. Ynka. Seht! das ſey unſre Gott=
heit, die wir verehren, ſie iſt wohlthätig, und
deß=

deßwegen auch unſerer Liebe und unſerer Anbe=
tung werth.

1ter Prieſt. d: Illapa. Du verachteſt alſo
die Gottheit des Tigers, Ynka!

Ynka. Ich verachte ihn, frey ſey es dir
geſagt, ich verachte ihn; (führt den Prieſter zu
dem König hin) und ſieh Prieſter! dieſer 70jäh=
rige Greiß, dein König, mein Vater, auch er
verachtet ihn, ſcheut ſich nicht noch die weni=
gen Tage, die er zu leben hat, frey dir mit
offener Stirne zu bekennen, daß die Exiſtenz
dieſer Gottheit nur Hirngeſpinſt, nicht ein in
das Herz des Menſchen eingegrabenes Natur=
Geſetz ſey.

Opf. Prieſt. Wahrlich, Ynka! du kannſt
nicht verläugnen, daß du 3 Monate lang in
den Händen unſerer Feinde wareſt; ihr ſüſſes,
überredendes Gift hat bis in das Innerſte dei=
ner Seele gedrungen. Wie kannſt du, Ynka!
die Rechte der Europäer vertheidigen? vergaſ=
ſeſt du ſchon, wie ſie in unſere Gegenden ſtürz=
ten, und uns preiß gaben ihren wüthenden
Roſſen, die uns und unſere Kinder zertratten?

Ynka. Aber, (faßt ihn wild an) ich ver=
ſprach ihn zurück zu ſenden, den Europäer;
ſoll dein Ynka dir zu lieb wortbrüchig werden?
ſag,

fag, red, foll er feine Freyheit mit dem Blute
feines Wohlthäters bezahlen?

Opf. Prieft. Und zudem; fetzen wir uns
nicht neuer Gefahr aus? er wird unfern Aufenthalt verrathen; würden nicht feine Lands-
leute mit gepoppelter Graufamkeit in unfre
Länder dringen, unfre Tempel zerftören, unfre Opferaltäre umftürzen, und uns alle zur
ewigen Sklaverey fchleppen.

Ynka. Dafür will ich bürgen mit meinem
Blut. Holt ihn, den Europäer.

Caciq. Indianer! laßt uns fie mit Wohlthun befchämen. Wohlthun ift das Ziel des
Menfchen; Wohlthun macht uns der Sonne
ähnlich. (1. Indianer ab)

Opf. Prieft. Aber das Opfer! Heute ift
der groffe Tag; fchon ift bereitet der Holzftoß,
mit Blumenkränzen umwunden, in dem, dem
Illapa geheiligtem Haine; fchon rauchen Weih-
rauchgefäße, fchon find die Diener gereiniget,
zur Verföhnung fürs Volk bereit.

Ynka. Höret mich, der Spanier fey frey!
an feiner ftatt aber nehmet feinen Gefährten;
ift unfre Sonne fo mächtig, wie ich glaube,
fo wird es ihr ein leichtes feyn, ihn aus euren
Händen durch ein groffes Wunder zu retten.

Zwey=

Zweyter Auftritt.

Vorige.

(Fernando mit Bastbanden gebunden. Feyerliche
Stille. Fernando zu des Caciquen Füssen.

Ynka. Freund! du bist gerettet.

Caciq. (tritt zu ihm hin) Europäer! dein
Leben ist in unsern Händen, du bist zum Tode
bestimmt. Tausende verlangen deinen Tod,
und hunderte schenken dir das Leben. Wir
wollen an dir ein Beyspiel indianischer Mensch=
lichkeit geben; betest du, Spanier! eben das
grosse Wesen an, das nur Liebe ist, und das
wir in dem Bild der Sonne verehren.

Fernando. Ja, mein König!

Caciq. Glaubst du also, daß wir, so wie
ihr, Söhne dieses nehmlichen Wesens seyen?

Fernando. Ich bin dessen ganz über=
zeugt.

Caciq. Wir sind also Brüder; warum
kammst du denn, uns morden zu wollen.

Fernando. König! ich gehorchte.

Caciq. Und wem?

Fernando. Meinem Vater.

Caciq. Er nennt sich —

Fer=

Fernando. Admiral Quastalla (Entsetzen auf allen Gesichtern)

Opf. Priest. Der Sohn dieses Wüthrichs in unsern Händen? (Sie wollen auf ihn zu)

Ynka. Beruhiget euch, Indianer! euer Ynka bittet euch.

Caciq. (zu seinem Sohn) Sohn! ich vermag ihn nicht zu retten.

Ynka. Vater! eine gute Handlung nur halb verrichtet, hat keinen Werth für uns.

Sonnenp. Vollführet diese Handlung, König! und das euch eigene Bewußtseyn, sie verrichtet zu haben, wird Belohnung genug für euch seyn, macht euch der Würde werth, die ihr als König traget. (ab)

Caciq. (nach einer mit sich selbst kämpfenden Pause) Sag mir, Europäer! dein Gott befiehlt dir, zu verzeihen; Wenn dein Vater meinen Sohn in deinem Vaterlande gehabt hätte, würde er ihm auch verziehen haben?

Fernando. (kleine Pause) Nein, mein Vater nicht; aber ich,

Caciq. Nun so will ich an Edelmuth dir gleich kommen (reißt ihm seine Bastbande ab) Ich verzeihe dir; aber sieh, Jüngling! sollte jemals (nimmt seine goldne Halskette ab) ein Eu-

ro=

ropäer in dich dringen, uns zu verrathen, so
betrachte diesen Talisman, den ich dir zum
Andenken mitgebe, und dann frage dein Herz,
ob du uns verrathen sollest.

Fernando. (sieht auf) König, Ynkas! In=
dianer! ewige Rache treffe mich, wenn ich je
undankbar gegen euch seyn werde.

Caciq. (küßt ihn auf die Stirne) Sey mein
Freund. Sey der Freund meines Sohnes!
Sohn des Quastalla! kehre zurück in dein
Vaterland, und lerne von Menschen, die ihr
Wilde nennet, deiner Gottheit nachahmen.

(Lermen)

Dritter Auftritt.

Vorige.

(Donna Antonia mit herunter hängenden Haaren,
sinkt in Fernandos Arme, hinter ihr viele In=
dianer mit Keulen. Jago und Orangoutang).

D. Ant. Fernando! rette mich, rette
deine Antonia!

Jago. O lieber, goldener Herr! wir wer=
den alle zu todt geschlagen.

Alle.

Alle. Sie muß sterben. (Es ergreift sie ein Indianer und will sie aus den Armen des Fernando reissen, der zugleich mit seiner Rechten die Kenle hebt, um sie zu erschlagen. Der Orangontang bemerkt dieses, wirft ihn mit größter Wuth auf die Erde. Sie wollen ihn erschlagen, er wirft mehrere zu Boden, macht sich Luft, ersieht seinen Vortheil, ergreift plötzlich Donna Antonia, und trägt sie zähneknirschend davon).

Fernando. Antonia!

Ynka. Haltet ein, Barbaren! (alle zerstreut ab)

Vierter Auftritt.

(Zimmer des Sonnenpriesters).

Sonnenpriester, hernach Lulla.

Sonnenp. Siebenzig Jahre, die ich gelebt habe; liebliche Sonne! und ich soll noch in meinem hohen Alter so glücklich seyn, die abgöttischen Altäre des Tigers zerstört zu sehen? soll erleben, daß Indianer nur dir, allgütige Quelle der Natur, Opfer bringen.

Lulla. Ey, ey, lieber Vetter! immer in Gedanken, immer so allein. Lulla sah vorhin,

hin, wie ihr im Garten waret, daß ihr mit euch selbst sprachet; das müſſet ihr nicht thun, lieber Vetter! Selbſtgeſpräche zeugen Schwermuth, und ſchwermüthig darft ihr ja nicht werden, ſo lang Lulla bey euch iſt.

Sonnenp. Woher kommſt du, liebe Lulla?

Lulla. Lulla kommt aus dem Garten, hat Melonen gepflückt, und könnt’ ihr errathen, für wen? o ſie werden meinem Europäer recht gut ſchmecken, nicht wahr?

Sonnenp. Mir ſcheint, deine ganze Seele hängt an dieſem Europäer.

Lulla. (mit einem Seufzer) Ja, da möcht’ ihr wohl recht haben, ich glaub nicht nur meine Seele; meine Augen, Ohren, und mein ganzes Leben hängt ſchon an ihm.

Sonnenp. Armes Mädchen; dein Spanier hat noch eine groſſe Probe ſeiner Standhaftigkeit anzuſtehen, ehe er dein werden kann.

Lulla. Was ſoll ihm denn geſchehen, lieber Vetter? (ſchmeichelnd) entdeckt es eurer lieben Lulla.

Sonnenp. Man verlangt ihn zum Opfer des Illapa.

Lulla.

Lulla. Weiß schon alles, der Ynka selbst hat mir schon alles entdeckt; aber nicht wahr, lieber Vetter! es ist doch mit keiner Gefahr verbunden.

Sonnenp. Höre mich, Lulla! du weißt, daß ich von deiner frühesten Jugend an vieles beytrug zur edlen Bildung deines Verstandes; du warest seit dem frühen Tod meiner Gattin, das einzige, weibliche Geschöpf, das ich meines Umganges werth fand; das einzige Na‑ turgeschöpf, mit dem ich mich in den wahren Lehrsetzen unseres Gottesdienstes unterhalten konnte. Wisse, Mädchen! uns steht heute ein wichtiger Tag bevor, noch ehe die Sonne sich neiget, sind entweder die Altäre des Illapa zer‑ stört, oder fließt auf ihren Trümmern fanati‑ sches Blut seiner Götzendiener.

Lulla. Was hör ich.

Sonnenp. Ich muß dich verlassen. Gros‑ se Unternehmungen fodern schnelle Ausführung. Sind wir so glücklich, Mädchen! das auszu‑ führen, was wir beginnen; dann führ ich dich morgen zum Brautaltar, und spreche zum er‑ stenmal, laut vor den Ohren der Indianer, den Seegen des Gottes der Europäer über dich.

(ab)

Lulla.

Lulla, (ihm nachsehend) Nun möcht ich den sehen, der aus dem allen klug werden kann.

Fünfter Auftritt.

Lulla, Jago,

(höchst verdrüßlich, ohne Hut und Mantel).

Jago. (läuft hin und her) Ich hätt' den Teufel von der ganzen Geschichte; wär ich zu Haus, so hätt' ich alle die Spitzbübereyen nicht auszustehen.

Lulla. Was ist denn geschehen?

Jago. G'schehen ist noch nichts, s'wird erst g'schehen; das ist ja eine verdammte Historie, die Kerls werden zusammen kifeln, wenn sie mich erwischen.

Lulla. Was sagst du?

Jago. G'fressen, g'fressen soll ich werden; und das noch lebendig g'fressen; o meine liebe Lulla, das mag ein Schmerz seyn, wenn sie einem ein Bein ums andere herunter lösen, und auffressen.

Lulla.

Lulla. Die Gefahr ist nicht halb so groß, als du dir vorstellest. Wo hast du denn deinen Hut und deinen Mantel?

Jago. Ja, in der Angst hab' ich alles verlohren; es — es wär ja kein Wunder, wenn man den ganzen Kopf, will g'schweigen den Hut verlör.

Lulla. Sey gutes Muths, der Telkalepulka wird dich nicht fressen.

Jago. Wie — wie heißt der Musie?

Lulla. Die Gottheit des Bösen heißt: Telkalepulka! Sie kommen schon, jetzt hol ich eilend meinen Vetter. (springt ab)

(Man hört die Priester des Illapa).

Jago. Jetzt läßt mich das Blitzmädchen allein, sie kommen schon, auweh, auweh, wenn ich mich nur verstecken könnt. (er geht umher).

Sechster Auftritt.

Mehrere Priester des Illapa.

(Zwey davon tragen eine rothe Hangmatte)

Oberp. Komm glücklicher Fremdling! den wir erkohren haben zum Opfer unsers Telkalepulka.

Jago.

Jago. Ich will nix von eurem Talkalapul=
ka; marschirts nur wieder eurer Wege. (sie se=
tzen die Matte auf die Erde)

Oberp. Bedenke das unendliche Glück,
das deiner wartet.

Jago. Ich will aber nicht glücklich seyn.

Oberp. Dich erwarten in dem Vorhof
des frohen Haines die kostbaresten Leckerbissen;
geniesse sie mit Andacht,

Jago. Ich will aber nichts von euren
Leckerbissen; eßt ihr selber, wenn ihr was
habt.

Oberp. Komm, leg dich in diese Matte,
laß uns die angenehme Pflicht erfüllen, dich
an den bestimmten Ort zn bringen, und dich
zum süssen Opfer unserer Gottheit vorzuberei=
ten. (sie bringen ihn zur Matte)

Jago. (weint laut) So seyds nur vernünf=
tig, es ist kein guter Bissen an mir, mein
Fleisch ist nicht zum essen (sie heben ihn auf, er
schreyt heftig)

Oberp. Folgt mir!

Jago. (wie sie ihn forttragen wollen, springt
er oben heraus) Ja wer ein Narr wär, ich mach
mich aus dem Staub. (sie erhaschen ihn, packen
ihn wieder ein) (Alle ab)

Sieben=

Siebenter Auftritt.

(Ein mit eisernen Gittern geschlossener Garten. Bäume woran eine ähnliche Hangmatte angebracht ist. Im Hintergrund sieht man Palläste auch die Spitze eines Tempels. Gedeckter Tisch Eine Brunnquelle. Opfergeräthschaften, goldene Geschirre, Blumenkörbe &c. &c. Der Pavian sitzt auf der Erde, frißt aus einer verdeckten Schüssel Datteln und Melonen, hängt sich Jagos Mantel um, setzt seinen Hut auf, hört Lermen und retirirt sich in die Hangmatte, und sieht alles was vorgeht.

Achter Auftritt.

(Zwey Knaben bringen ungeheure Schüsseln, Körbe mit Eßwaaren, ein anderer in einem goldenen Becher einen Schlaftrunk. Vorige, der Oberpriester mit Jago, der sehr lamentirt. Es wird ein Sitz gebracht, er wird darauf gesetzt; der Oberpriester nimmt ein goldenes Gefäß, der andere Priester bindet ihm den rothen Opferrock um. Sein Kopf wird mit einem Blumenkranz geziert, eine goldene Binde ihm um den Leib gebunden. Der Orangoutang sieht alles).

Oberp. Und nun (schaut nach der Sonne) ist dir noch eine Viertelstunde gegönnt; hier

ge=

genieſſe, thue dir gütlich; damit du ein ange=
nehmes Opfer werdeſt gewidmet unſerer Gott=
heit.

Jago. Aber, ums lieben Himmelswillen,
liebe Herren, ſo ſeyd nur barmherzig.

Opferpr. Wir verlaſſen dich, und haſt
du zur Genüge von dieſen köſtlichen Opferſpei=
ſen gegeſſen, ſo trinke hier aus dem goldenen
Becher; dieſer Trank hat die Kraft, dich in
einen ſanften Schlummer zu wiegen, damit
du, bis zu dem Augenblick deines Nichtſeyns,
die Qualen des Todes vergiſſeſt. Folgt mir.
(Jago hält ihn an Mantel zurück).

Jago. Aber lieber, goldener Herr Ober=
prieſter! ich hab nichts weniger als einen Ap=
petit; ich geh mit euch.

Opferpr. Bleibe hier, glücklicher Euro=
päer! und erwarte den ſeeligen Augenblick dei=
ner Auflöſung. (alle ab)

Jago. (ſieht ihnen nach) Ja, wer ein Narr
wär. Auweh! mir iſt auf einmal aller Hun=
ger und Durſt vergangen. (reißt Opferrock, Blu=
menkranz und alles ab) Das beſte wär, wenn
ich einen Ausweg finden könnt', um zu entwi=
ſchen; ich probirs; lieber will ich mit Wur=

zeln und Kräutern fürlieb nehmen, als bey
dem verfluchten Traktament zu Gast seyn. (ab)

Neunter Auftritt.

(Der Orangoutang sieht, daß er fort ist, erhebt
sich, steigt herunter, will den Rock, die Binde,
den Kranz aufsetzen, wird aber an allem ver=
hindert, nascht Datteln dazwischen, endlich
nimmt er den goldenen Becher und trinkt, hört
Jago, steigt wieder eilend in die Matte, und
hutscht sich).

Jago. O tausend Sapperment! da wär
ich gerad so einem guten Freund in die Händ
gelaufen; ich wills einmal auf der andern
Seite probiren. (geht zur andern Seite der Büh=
ne ab).

Zehnter Auftritt.

(Zimmer des Sonnenpriesters)

Der Sonnenpriester, der Cacique, Ynka,
Fernando und Donna Antonia.

Sonnenpr. (Die Hände kreuzweis und mit
erhabenen Blick) Ich ahnde glückliche Vollfüh=
rung

rung unserer Unternehmung, mein König! ich
hoffe, unser Opfer, das wir dadurch unserem
Vater bringen, soll lieblicher duften, als das
Opfer erschlagener Menschen!

Caciq. Sonne, mein Vater! es steht nicht
in der Macht deiner Kinder, dir einiges Ge=
schenk zu geben, das nicht von dir käme; so=
gar um dein Licht aufs neue zu beleben, hast
du weder unsere Opfer, noch unsere Rauch=
werke nöthig; die reichen Erndten, welche dei=
ne Wärme zur Reife bringt; die Früchte, wel=
che deine Strahlen färben; die Heerden, wel=
chen du die Säfte der Kräuter zubereitet hast,
sind nur Schätze für uns, um andern wohl=
zuthun, deinen seegnenden Ueberfluß unter an=
dern ausstreuen, heißt dich nachahmen.

Ynka. Vater! ach daß eurer Jahre schon
so viele sind, um nicht noch die glücklichen
Folgen, dieser Unternehmung in ihrem vollen
Seegen für eure Nachkommenschaft erleben
zu können. (Ein Indianer kommt, und bringt
Fernandos Schwerdt) Hier Europäer! übergebe
ich dir dein Schwerdt, du könntest es nöthig
haben; glaub mir Bruder! du zogest deine
Klinge noch bey keiner ehrenvolleren Gelegen=
heit, als bey dieser.

F 2   Fer=

Fernando. (zieht die Klinge) Ynka! ich hab diese Klinge niemals gegen die Deinige gezogen, da ist Gott mein Zeuge! aber heute.—

Ynka. Heute oder nie mehr. Ueberzeugung oder Gewalt! abgeschaft muß seyn, dieser für die Menschheit entehrende Mißbrauch; wir wollen vertilgen aus unsern Herzen und Sinnen das Bild einer so fürchterlichen Gottheit, bey deren Anschauen sich die Natur des Menschen entsetzt; unsere Häupter wollen wir beugen vor dir, Sonne, mein Vater! in dessen Bild wir die Urquelle der Natur anbeten. Du bist so wohlthätig gegen deine Geschöpfe, du bist also auch unserer Liebe werth. (sie wollen fort. Man hört entfernt eine klägliche Harmonie mit Posaunen).

D. Ant. (zu Fernando) Wenn dir nur nichs leides geschieht, lieber Fernando!

Fernando. Sey unbesorgt, gutes Mädchen! wo solche gute Menschen an der Spitze einer grossen Unternehmung stehen, da strömt der Vorsicht Seegen von oben herab;

(Alle ab).

Eilf=

Eilfter Auftritt.

(Palmen = Hayn).

(Ganz im Hintergrund ein indianischer Tempel
mit einer goldenen Kuopel, die Thüre ist geöf=
net, man sieht ein grosses Feuer brennen, und
in demselben den Götzen Jllapa. Mitten auf
der Bühne auf einem ganz erhabnen Piedestal
einen goldenen Tiger in koloßalischer Grösse.
3 Säulen, mit blitzenden Sternen, oben da=
rauf die Sonne, der Mond, und 3 blutende
Herzen. Mitten zu den Füssen der Säule,
ein Holzstoß von Sandelholz, mit Girlanden
umhängt. Mehrere weißgekleidete, verschley=
erte Opfermädchen voraus, jede ein goldnes
Gefäß in der Hand. Sie nehmen Girlanden
und umhängen die 3 Säulen damit. Opfer=
knaben haben Körbe mit Früchten und gebrann=
tem Reiß, diese Früchte werden auf den Holz=
stoß gelegt. Priester mit Fakeln; die andern
kommen mit der Hangmatte; hinter ihnen
schwarzgekleidete und schwarz verschleyerte In=
dianer, die durch ihre Pantomimen Zeichen der
Traurigkeit geben. Nun folgt der Cacique, die
Ynkas, der Ynka; Alle. NB. Man sieht die
Sonne unter dieser Handlung hinter dem Tem=
pel niedergehen).

Opferpr. (Nachdem sie sich alle in einem
halben Zirkel versammelt haben) Indianer! Ab=

kömmlinge des Manko, unseres Stammvaters!
Jahrelang ruhete diese heilige Stätte, und
wir unterliessen die Pflicht, unserer mächtigen
Gottheit zu opfern. Heute ist der grosse feyerliche Tag; heute sinkt sich die Sonne hinun-
ter zum allgemeinen Wohlgefallen unserer Gottheit. (er sieht dahin) Noch eine Minute, und
verschwunden ist die Kraft, des schlummerbrin-
genden Trankes. Wenn dort die Sonne das goldene Bild unsers Illapa verbirgt, dampft lieb-
lich empor das Sandel und Zimmetholz und
vermenget seinen aromatischen Geruch mit dem
Blute des Europäers. (die Priester schauen alle
nach der Sonne).

Ynka. (zu Fernando) Noch ist uns Zeit
übrig, bis er erwacht.

Fernando. Ich bin bereit, Ynka! alles mit
dir, sogar mein Leben an deiner Seite zu wa-
gen. (die Sonne senkt sich allmählig hinter das
Bild).

Opferp. (in einer Art von Entzückung)
Freunde! Indianer! Wir sind erhört; nähert
euch mit dem Glücklichen zum Holzstoß. (sie
bringen ihn über den Holzstoß, schaut immer nach
der Sonne) Bald kömmt heran der glückliche
Augenblick! Heil dir, du Auserwählter! du

From-

Frommer! dem bald zugetheilt ist die Krone
der Ehre, der du dich würdig machst, durch
dieses Opfer in unsre Mitte zu gelangen. Heil
dir! (die Sonne verbirgt sich hinter das Bild)
Nur noch eine Sekunde (Pause) auf! zündet
an; es beginne das Opfer. (plötzlich starke Freu=
denmusik mit Trommeln und Pauken).

Fernando. Haltet ein, Barbaren! (sie
halten ihn zurück. Einer der Priester geht an den
Holzstoß, um ihn anzuzünden, die Hangmatte wird
über den Holzstoß gethan; über dem grossen Ler=
men erwacht der Orangoutang, schaut aus der
Hängmatte heraus, beißt die Zähne übereinander,
springt heraus, die Priester in vollem Schrecken
fallen zu Boden, der Pavian über sie, und springt
auf das Piedestal des Tigers. Allgemeiner pani=
scher Schrecken auf allen Gesichtern).

Alle. Hilf Illapa! wir sind verloren!

Caciq. (tritt vor) Dank dir, Sonne, mein
Vater! wir sind gerettet!

Ynka.)
D. Ant.)Was seh' ich, der Orangoutang!
Fern.)

Jago. (unter den vermummten, gibt sich zu
erkennen, eilt in Lullens Arme) Der goldene
Danti! Mädchen, du bist mein!

Opferpr. Telkalepulka! hast du keine gif=
tige Pfeile mehr, dieses unvernünftige Thier

zu

88 — (o) —

zu vertilgen? keine Donner und Blitze, um es
in den Abgrund der Erde zu vernichten? (Pause. Ynka und der Cacique tretten in die Mitte).

Caciq. Seht, Priester! erkennet ihr noch
nicht die Unmacht eurer fürchterlichen Gottheit?
Menschen, zum frohen Genuß des Lebens bestimmt, wandelt sie um in unvernünftige
Thiere:

Ynka. Könnet ihr noch länger einer Gottheit huldigen, die ihr unter einem so schreckvollen Bild, unter dem Bild des reissenden
Tigers anbetet? Könnt ihr euch noch weigern,
barbarische Gesetze eurer Vorältern, welche
ihr unwissend annahmet, diese Gesetze umzu-
werfen und aufzuheben.

Caciq Indianer! verlasset diesen Trauer-
ort, der so oft durch unschuldiges Menschenblut besudelt wurde; eilet in den Tempel unserer wohlthuenden Gottheit, noch senket sie hinab in ihren goldenen Strahlen über den Wip-
fel der Sinne, um morgen mit neuem Glanz,
mit neuem Wohlthun ihre Geschöpfe zu über-
schütten.

Ynka. Vereiniget euch mit uns, zerstö-
ret mit dem blutenden Herzen, das ihr als
Sinnbild eures Dienstes auf eurem Busen tra-

get

get, jede Grausamkeit, jedes Gefühl für Men=
schenhaß.`

Opferpr. (steht auf, noch unschlüssig, Pause)
Ja, sieh ohnmächtiges Götzenbild! ich zerreiße
auf ewig mit diesem Kleid jede Anhänglichkeit
deines fürchterlichen Dienstes. (zerreißt sein
Kleid) Verbannt sey dein Andenken aus meinem
Herzen; — Höret mich Ynkas! Höret mich
Völker Indiens! Nicht mehr Illapa, nicht mehr
Telkalepulka; die Sonne ist unsre Gottheit.

Die übrigen. Die Sonne ist unsre Gott=
heit!

Caciq. (Nimmt Fernando und D. Antonia
führt sie in die Mitte) Kommt, Europäer! noch
ehe wir diesen Ort verlassen, will ich an euch
ein Werk der Dankbarkeit, ein Werk der Men=
schenliebe ausüben. Indianer, zerstört diesen
Holzstoß; (er wird zerstört) und an diesem Ort
wo Menschenblut hätte fliessen sollen, zu den
Stuffen dieses zerstörten Götzenbildes lasset
mich, einen Indianer zum erstenmal den See=
gen des europäischen Gottes über euch aus=
sprechen. (die Indianer werfen sich zur Erde, ma=
chen mit ihren Schilden und Waffen einen erhöh=
ten Platz, der Cacique steigt hinauf. Fernando
und

und D. Antonia ihm zu Füssen. Sie stürzen zur Erde).

Fernando. König! Wir bleiben bey dir, in Indien.

D. Ant. Sey unser Vater!

Caciq. Und nun Europäer! erhaltet durch meine Hand das, was euch eure Nation versagte, Glück und Ruhe. Seyd immer so gut gegen uns, immer so wohlthätig, wie eure Gottheit wohlthätig ist, und euch ist unser Herz, unser Leben geweiht. (sie bleiben alle in dieser Gruppe)

Ynka. (zum Volk) Ha! eine herrliche Gruppe! die erste in Indien, die ein Beyspiel menschlicher Dultsamkeit ist. Die erste Gruppe unerer Gottheit nachgeahmt.

1ter Ynka. Heil unsrem König!

Sonnenp. Heil unsrem Ynka!

(Jubel des Volks).

Alle, Heil, Heil in Indien!

Ende des Stücks.

www.ingramcontent.com/pod-product-compliance
Lightning Source LLC
Chambersburg PA
CBHW021952190326
41519CB00009B/1224